DIE FLORA KRETAS

TEXT
MARINA CLAUSER

PHOTOS
ANDREA INNOCENTI

BONECHI

Index

Idee und Projekt: Casa Editrice Bonechi
Verlagsleiter: Monica Bonechi
Bildsuche: Alberto Andreini
Graphik und Satz: Maria Rosanna Malagrinò
Redaktion: Patrizia Fabbri *und* Giorgio Montinari

Texte: Marina Clauser
Übersetzung: Ingeborg Babitsch

Die Fotografien sind Eigentum des Archivis der Casa Editrice Bonechi *und aufgenommen von* Andrea Innocenti.

Druck in Italien: Centro Stampa Editoriale Bonechi

ISBN 88-8029-972-7

* * *

EINLEITUNG

Kreta, die fünftgrößte, von Europa, Asien und Africa gleich weit entfernte Mittelmeerinsel, charakterisiert sich durch ausgedehnte Küsten, hohe Berge, fruchtbare Ebenen, breite Hügelstreifen und Gorges.
Die von Sandstränden und Steilklippen geprägte Küste erstreckt sich über ca. 1000 km; der nördliche Teil, mit mehr oder weniger großen Halbinseln und zahlreichen Inselchen, ist im allgemeinen auch leichter zugänglich, während der südlich ausgerichtete Küstenstreifen zahlreiche Steilklippen aufweist.Der Berg Ida im Zentrum der Insel ist die höchste Erhebung (2.456 M am Gipfel "Psiloritis"), weiters Lefka Ori (die sogenannten "Weißen Berge", 2.452 M) im Westen, sowie der Dikti-Berg (2.148 M) im Osten; im östlichsten Gebiet erreichen die Berge von Sitìa eine Höhe von 1.476 Metern. Ein Großteil des kretesischen Territoriums ist gebirgig, unterbrochen von ausgedehnten Hochebenen und fruchtbaren Niederungen wie Omalòs, Messarà, Nidas und Lasithi. Die Bodensubstrate bestehen zu 85 Prozent aus Kalkgestein und aufgrund wiederholter Karsterscheinungen haben sich zahlreiche Grotten und Gorges gebildet. Ebendiese Gorges repräsentieren eine der eindrucksvollsten Hauptcharakteristiken Kretas: es sind tiefe Klammen, die den Großteil der Insel, meist läng einer Nord/Süd-Achse durchqueren, mit mehr oder weniger parallel verlaufenden Steilwänden, die bis zum Sommer Wasserläufe einrahmen. In diesen Schluchten und in den höchsten Quoten der Gebirge trifft man auf die meisten endemischen Pflanzen Kretas. Die spärlichen Wasserläufe sind meist bereits zu Sommerbeginn ausgetrocknet. Unter den Feuchtgebieten seien der Kournas-See im Umfeld von Georgioupolis, sowie der Stausee von Agia in der Nähe von Hanià erwähnt. Obwohl es sich um ein beschränktes Territorium handet, hat es eine große Bedeutung als Raststation zwischen Afrika und Europa für die Zugvögel während ihrer Migration. Das Klima ist typisch mediterraner Prägung: Heiße Sommer, spärliche Niederschläge zwischen Mai und Oktober, milde Winter mit verstärkten Regenfällen im Dezember und im Januar. Im Jahresdurchschnitt registriert man an der Nordküste 700 mm Regen, an der weitaus trockeneren Südküste hingegen nur 2-300 mm. Die Existenz hoher Berge in Meeresnähe führt zu besonderen Mikroklimata; sommerliche Dunstnebel verzeichnet man vor allem an den nach Norden ausgerichteten Ausläufern, die im Vergleich mit den Südhängen mehr Feuchtigkeit aufweisen. Bis in den Sommer hinein sind die höchsten Gipfel von Schnee bedeckt und einen besonderem Anreiz bieten die typisch mediterranen Blütenpflanzen, die sich zur Sommerzeit vor einem Hintergrund schneebedeckter Gebirge abheben. Die Hauptwinde: Westwind aus der Richtung der Atlantik; der heiß-trockene Schirokko aus der Sahara; und der Meltemi aus Zentralasien, der an der Nordküste weht und die Hitze mildert, bei starker Windstärke aber auch sehr unangenehm wird. Während des Miozäns (vor 26-25 Millionen Jahren) erhob sich in dem heute von der Ägäis eingenommenen

Strände, Gebirge und Schluchten prägen das Landschaftsbild Kretas (unten und folgende Seite).

Strände, Gebirge und Schluchten prägen das Landschaftsbild Kretas. Oben rechts: Blühendes Ferula vor dem Hintergrund schneebedeckter Berggipfel. Unten rechts: Intensivanbau auf Kreta.

Meerbecken eine ausgedehnte Landzone, von welcher das heutige Kreta ein terrigenes Fragment darstellt, in welchem ein weitaus wärmeres Klima als heute herrschte. Im mittleren Abschnitt des Miozäns (vor 18 Mio. Jahren) war Kreta als kontinuierliche Landzunge mit dem kontinentalen Griechenland, der Türkei und den ägäischen Inseln verbunden. Ende des Miozäns trocknete das Mittelmeerbecken mehrmals aus. Vor 10 Mio. Jahren kam es aufgrund jäher oder zeitlich differenzierter Temperatursenkungen zu grundlegenden tektonischen Veränderungen: das Meer überflutete die Bodenemersionen, es kam zu Faltungs- und Bruchgebieten der Erdkruste, und vor 8 Millionen Jahren war Kreta in mehrere Inseln aufgesplittert, die den höchsten Gebirgserhebungen entsprachen. Das Pliozän, die jüngste Stufe des Tertiärs, verzeichnete vor 3 Millionen Jahren eine Wechselfolge von Emersionen und Senkungen, und demnach Faltungen und Zerklüftungen der Landmassen. Während dieses Abschnitts blieb Kreta fragmentiert: ihren aktuellen Aspekt nahm die Insel vor ca. 1 Million Jahren, im Eiszeitalter (Pleistozän) an. Die geologische Evolution hat auch jene der Flora und der Fauna entscheidend beeinflußt: Durch das wiederholte Austrocknen des Mittelmeerbeckens stand Kreta mehrmals in Berührung mit Südgriechenland, mit der südwestlichen Türkei und mit anderen Inseln, darunter Kythera, Antikythera, Rhodos und den Kykladen, was eine Migration der Pflanzenpopolationen ermöglichte. Von ebenso großer Bedeutung für die Distribution waren die abwechslungsreichen Phasen der Eiszeit: Die durch die Gletscherbildung ausgelöste Senkung des Meeresspiegels (schätzungsweise bis zu einigen Hunderten Metern während der ersten Abschnitte – Gunz, Mindel und Riss) schuf "Brücken" zwischen entfernten Territorien und begünstigte die Verbreitung von pflanzlichen und tierischen Lebewesen. Dazu kommt, daß Kreta (wie bereits erwähnt) in verschiedenen Epochen vollkommen isoliert blieb, wodurch zahlreiche Pflanzen zu neuen Arten oder Subspezies mutieren konnten. Diese geomorphologische Evolution würde auch die Präsenz zahlreicher Arten balkanischer und asiatischer Provenienz bestätigen; als Beispiel seien die auf Kreta endemischen Spezies Ebenus cretica *und* Ricotia cretica *angeführt, deren ursprüngliches Verbreitungsgebiet in Asien zu sehen ist. Bei den endemischen Pflanzenarten handelt es sich vornehmlich um antike, auf der Insel früher stark verbreitete Spezies die, als Folge der zahlreichen Überschwemmungen des Mittelmeerbeckens (zwar isoliert) überlebten, während ihre Artverwandten ausstarben: ein Musterbeispiel dafür repräsentiert die auf Kreta endemische monospezifische Gattung* Petromarula pinnata. *Es wird angenommen, daß die Isolierung Kretas etwa fünfeinhalb Millionen Jahre angedauert hat, doch trotz dieser langen Phase haben sich nur ganz wenige Spezies* in loco *entwickelt, was vermutlich sowohl auf den Mangel eines neuen Habitats für die Kolonisierung durch neue Arten, als auf eine starke Kompetition zwischen den existierenden zurückzuführen ist. Erst als die Gletscher zurückgingen, öffneten sich neue Territorien, die von den vigoröseren Pflanzenarten der Ebenen besiedelt wurden.*

DIE FLORA

Seit der Antike wurde Kreta, «die Windige», von Homer in der «Odyssee» «die schöne bewaldete Insel» genannt, wegen ihrer Naturschönheiten gepriesen. Herodot spricht von einer mit schattenspendenden Bäumen gesegneten Insel und auch der Namen des zentralen Gebirges, Ida, leitet sich vom dorischen idha, *Wald, ab. In der Tat war fast das gesamte Territorium von Wäldern bedeckt und bot seit der minoischen Kulturphase wertvolles Material für die Errichtung von Palästen und Häusern, sowie später, unter venezianischer Herrschaft, für den Schiff- und Festungsbau. Leider haben Brände, undiskriminierte Weidewirtschaft und Ausbeutung den Waldbestand im Laufe der Jahrhundert stark dezimiert. Heute widmet man sich auf Kreta hauptsächlich der Landwirtschaft und dem Hirtentum: Auf den Hochebenen, in den fruchtbaren Niederungen und überall wo die pedoklimatischen Gegebenheiten es erlauben, wird das Land intensiv bewirtschaftet: Man kultiviert Zitrusfrüchte, Bananen, Gemüse, Reben, Mandeln, Feigen und andere Landwirtschaftprodukte, die auch die Auslandsmärkte erreichen. Um* einer gesteigerten Konkurrenzfähigkeit willen nutzt man in wachsendem Maße mit Plastik bedeckte Treibhäuser, die in verschiedenen Zonen bereits der Landschaft ihren Stempel aufgeprägt haben, wenngleich ohne jeden ästhetischen Reiz. Die Bedeutung der landwirtschaftlichen Tätigkeit seit Urzeiten wird dem Besucher augenscheinlich, wenn er die jetzt brachliegenden terrassierten Rebgärten und Felder und die alten, teils noch betriebenen Windmühlen sieht. Wie bereits erwähnt, bildet neben der Landwirtschaft das Hirtentum den wichtigsten Wirtschaftszweig: Fast 50% des Territoriums wird als Weideland genutzt, Schafe und Ziegen findet man allenorts. Da aber Schafe und vor allem Ziegen leider die meisten Pflanzen kahlfressen, präsentiert sich die typische Inselvegetation vorwiegend als Garigue und Frigane – degradierte Typologien der macchia mediterranea (Maquis) mit prädominant dornentragenden, stark aromatischen niedrigen Stauden- und Strauchgewächsen, die die Tiere verschmähen. Die rapide, von der starken Entwicklung des Tourismus bedingte Urbanisierung ist das zweite Element, das zur Modifizierung der Naturlandschaft geführt hat: Heute ist das Territorium, vor allem an der Nordküste, über Kilometer mit touristischen Komplexen und Gebäuden verbaut, deren Zahl mit jedem Jahr zunimmt. Die berühmten Wälder der Antike, von denen sich die Dichter inspirieren ließen, schrumpften nach und nach auf bescheidene Pinien-, Zypressen- und Kermeseichen-Haine. Trotz dieses Raubbaus an der Natur aber besitzt Kreta noch heute eine unbestreitbare Anziehungskraft, nicht nur Dank der archäologischen Kunstschätze, der authentischen Gastlichkeit und der renommierten Ferienorte, sondern auch wegen der magischen Naturschönheiten. Touristen, die auf eine persönliche Erkundung des Pflanzenlebens auf der Insel Wert legen, kommen immer noch auf ihre Rechnung; besonders im Frühjahr präsentieren sich zahlreiche und besondere Pflanzen in voller Blütenpracht, zwischen Stränden, Schluchten, im Gebirge und sogar an archäologischen Stätten und im Gemäuer alter Schloßruinen. In der Tat ist die kretische Flora mit mehr als 1700 Spezies, zwischen den Küsten bis zu den höchsten Bergen distribuiert, sehr reichhaltig und dazu muß man etwa 70 weitere, in verschiedenen Epochen aus anderen Ländern eingeführte und großteils naturalisierte Gattungen rechnen. Man verzeichnet viele Endemismen (circa 10% der insgesamten Population), vornehmlich in den zerklüfteten Schluchten und im Hochgebirge, dem unzugänglichsten und deshalb an "natürlicher" und naturbelassenen Vegetation reichhaltigsten Lebensraum. Klimatisch charakterisiert sich die Insel durch spärliche Regenfälle, hohe Sommertemperaturen und starke Winde; überdies ist das Wasserreservierungspotential der Böden schwach ausgeprägt – Prämissen, die Trockenheit fördern und ein Gedeihen der perennierenden Pflanzen nur durch deren spezifische Anpassungsmechanismen möglich machen: Die Transpiration wird durch die Entwicklung von Behaarung, kleinen und ledrigen, oder während der Trockenperioden abfallenden Blättern eingeschränkt, und zum Schutz vor Weidetieren durch die Bildung von Dornen und starken olfaktorischen Aromen. Viele Pflanzen kommen im Frühjahr, während der klimatisch günstigsten Saison zur Blüte und überdauern die Dürreperiode als unterirdisch verankerte Organe (Zwiebeln, Knollen, Rhizomen [Geophyten]) oder als Samen (Therophyten). Auf Kreta gedeihen relativ wenige (etwa zehn) Baumgewächse, dafür aber zahlreiche Xerophyten (Trockenpflanzen), die besondere Abwehrmechanismen gegen Dürre und Pflanzenfraß entwickelt haben, sowie eine große Anzahl von Geophyten (Staudenpflanzen mit unterirdischen [Überwinterungs-]Organen, eben Zwiebeln, Knollen, Rhizomen). Die aktuelle Vegetation und Flora Kretas stellt demnach das Endergebnis einer Summe von geologischen und klimatischen Ereignissen in Verbindung mit dem komplexen, konstanten Eingriff der Menschen dar. In diesem Guide werden vor allem Blütenpflanzen behandelt, denen der Amateurbotaniker während seines Aufenthalts auf kretischem Boden mit größter Wahrscheinlichkeit begegnen wird, wobei zum besseren Verständnis eine Untergliederung nach Habitat vorgenommen wurde: Küsten (Sandstrände und Felsklippen), Wälder, Maquis, Garigue und Frigane, Hänge und Hügel, Schluchten, Feuchtzonen, anthropisierte Habitate (Straßenränder, altes Mauerwerk, Nutzland, aufgegebene Nutzfelder). Es versteht sich von selbst, daß viele der Pflanzen in mehreren Habitat vertreten sind; vor allem trifft dies auf die Frigane (wo ein Großteil der im Bereich der Garigue aufgelisteten Flora gedeiht) und für die Gorges zu, da Schluchten ein reichfacettiertes Ambiente für alle Gewächse bilden, die für feuchtigkeitsspeichernde Hänge und entlang der Wasserläufe typisch sind. Verschiedene Pflanzen gelten als selten oder vom Aussterben bedroht, oder gedeihen in einem Habitat, das es zu bewahren gilt: Deshalb geben wir die Richtlinien für Umweltschutz der Europäischen Union wieder, unter besonderer Berücksichtigung der Normen hinsichtlich Habitat (Nr. 43, 1992), die die Protektion, die Pflege und die Bewahrung der naturalistisch interessanten Standorte auf Europaniveau betreffen.

Windmühlen findet man noch auf der Lasithi-Hochebene.

***Oben: Direkt am Meeresrand öffnen* Silene colorata *und* Rumex bucephalophorus *ihre Blüten; unten Blüten von* Ammophila arenaria.**

KÜSTEN

Die Küstenorte stellen eine der Hauptattraktionen von Kreta dar: Die Insel bietet wunderschöne Strände, tiefe Buchten, steile Felsklippen und ein Meer, in dem sich fast das ganze Jahr baden läßt. Leider aber hat der Tourismus mit einer verbreiteten ungeregelten Urbanisierung der Küsten einen starken Druck auf die Umwelt ausgeübt . Dies hat eine beachtliche Reduzierung des natürlichen Ambiente bewirkt, vor allem auf Kosten der flachen Sandküsten; vereinzelt aber blieben Zonen von ausgeprägt naturalistischem Interesse mit charakteristischer Flora erhalten: Sortenvielfalt mit langer Blütezeit an den Sandstränden und weniger vielfältig, doch stets entdeckenswert an den abfallenden Küsten. Alle an Kretas Küsten heimische Pflanzen sind auch im restlichen Mittelmeerbecken verbreitet.

Die Sandküsten

In unmittelbarer Meeresnähe sind die Lebensbedingungen für Pflanzen aufgrund des unstabilen Substrats und der übermäßigen Dränage besonders schwierig und nur wenige, meist einjährige und Salz vertragende Spezies vermögen in diesen Zonen knapp über dem Meeresspiegel Fuß zu fassen. Ein Musterbeispiel stellt ein kleiner Kreuzblütler mit violettfarbenen Blüten dar, *Cakile maritima.*
Weiter im Landinneren ist der Substrat teilweise etwas stabiler, was die Verbreitung der *Ammophila arenaria* aus der Familie der Gramineen (Süßgräser) fördert: Mit einem robusten Wurzelapparat ausgestattet, der sich sowohl horizontal als vertikal unter dem Sand zu entwickeln vermag, festigt die Pflanze die Dünen und trägt so zu ihrem Anwachsen und folglich auch zur Kolonisierung durch andere Pflanzengattungen bei, die ihrerseits ebenfalls zur Stabilisierung des sandigen Substrats beitragen Darunter seien erwähnt: *Otanthus maritimus,* an ihren kleinen gelben Blüten, vor allem aber durch die dichte Behaarung leicht erkennbar; *Medicago marina,* ebenfalls dicht behaart, um so wenig Wasser als möglich auszuscheiden und mit zahlreichen kriechenden Halmen versehen; *Eryngium maritimum* (in nördlichen Breitengraden wachsende Unterarten sind im Deutschen

als "Männertreu" geläufig), eine wunderschöne, doch durch ihre robuste Stacheln mit Vorsicht anzunähernde *Umbellifere; Pancratium maritimum*, die sich Ende des Sommers mit großen, schneeweißen Blüten präsentiert; die kleinwüchsige *Euphorbia paralias* mit geradlinigen Schäften, und *Cyperus capitatus*, ein an den langen, starren Brakteen unterhalb der Floreszenz erkennbares Zypergras. Im Landesinneren mit stabileren Substraten und einer schwächeren Beeinflussung durch das stets nahe Meer, haben sich zwei reizvolle Blütenpflanzen verbreitet, die dichtwüchsige, große Kolonien bilden: *Silene colorata* mit intensiv rosafarbenen Blüten, und *Rumex bucephalophorus*, eine Ampferart mit rot und grün gefärbten Stengeln und Blättern. Überdies gedeihen *Anthemis rigida* subsp. *rigida*, ein gelb blühender Korbblütler, zwei kleine Wegerichgewächse mit besonders eigenartigen, winzigen Blüten (*Plantago weldenii* und *P. bellardii*), der kleine Kreuzblütler *Matthiola tricuspidata* mit violettfarbenen Blüten, und die Leguminose *Ononis natrix*, die stark verästelte, halbrunde Büsche bildet. Das Dünen-Milieu enthüllt sich demnach als naturalistisch hochinteressant, steht jedoch unter bedrohlich starkem anthropogenem Druck: In der Tat listet es, nach den EU-Direktiven 43/92, als Habitat von kommunitärem Interesse.

Nur wenige Meter vom Meer entfernt gedeihen Strauchgewächse, die nicht selten ein fast undurchdringliches, dichtwüchsiges Buschgestrüpp bilden, darunter scheint besonders charakteristisch die Wacholderart *Juniperus oxycedrus* subsp. *macrocarpa).*

Die auffälligste Pflanze an den Küsten aber ist die auf Kreta endemische wunderschöne Palmenart *Phoenix theophrasti* Greuter, die in den kleinen, feuchten Tälern mit sandigem Substrat in Meeresnähe gedeiht und in Vai, im Osten der Insel, mit Oleandern gemeinsam reizvolle Wäldchen bildet, während man an der Südküste, im Verwaltungsbezirk von Réthimno, kleineren Palmenhainen begegnet. Diese empfindliche kretische Theophrastus-Palme ist nunmehr gesetzmäßig in der Anlage II der EU-Norm 43/92 als schutzbedürfige Spezies angeführt und die respektiven Waldungen als Habitat von kommunitärem Interesse.

***Oben: Wäldchen mit Theophrast-Palmen; unten: Farbakzente mit* Ononis natrix.**

1

2

CAKILE MARITIMA SCOP. 1
(Cruciferae)

Einjähriger Kreuzblütler mit verästelten, kriechenden, oder mehr oder weniger aufrechten Stielen und fleischigen, tief eingekerbten Blättern, die obersten sitzend. Die Floreszenz besteht aus länglichen, rosa-violettfarbenen Blütendolden, die während der Blütezeit März-Juni und September-Oktober intensiv aromatische Düfte verströmen. Die Fruchtschoten gliedern sich in zwei ca. 2 cm lange Abschnitte. Dieser nitrophile Psammophyt wächst im gesamten Mittelmeerraum an sandigen Küsten und wird in der Volksmedizin aufgrund seiner harntreibenden Wirkung für die Kur von Nierensteinen angewendet. Die pikant schmeckenden Blätter können zur Würze von gemischten Salaten verwendet werden.

OTANTHUS MARITIMUS (L.) HOFFMANNS. & LINK 2
(Compositae)

Auch dieser kleine perennierende Korbblütler ist eine Pionierpflanze der mediterranen Küstendünen und ein Festiger von Sandböden. Der Namen leitet sich von den griechischen Etyma *otos* (Ohr) und *anthos* (Blüte) ab: die eigenartige Form der Korolle rührt von den beiden membranartigen Brakteen her. Die Halme und die kleinen, ovalen, leicht gezahnten wechselständigen Blättchen sind dicht weißlich behaart. Vom Juni bis September erscheinen kurzgestielte, kugelförmige Blütenständer mit gelbfarbenen, röhrenförmigen Blüten, die von weißen, wolligen Schuppen umschlossen sind. Auf Kreta ist die Pflanze vornehmlich an der nördlichen Küste verbreitet.

AMMOPHILA ARENARIA (L.) LINK SUBSP. ARUNDINACEA H. LINDB. 3
(Graminaceae)

Diese perennierende Grasart verweist etymologisch auf ihr Habitat (griech. *ammos [über psammos] und lat. arenaria = Sand; , sandig]*), und ist in nördlichen Breitengraden als Strandhafer, [SY: Helmgras, Sandgras, Sandhafer] bekannt. Dieses Sandgras verankert seine kompakten, kriechenden Rhizome in den Dünen, wo es dichte, bis 1 M hohe buschige Polster bildet: Dünne, biegsame und robuste, kratzende Halme mit langen, an der Oberseite der Spreite behaarten, eingekerbten, mattgrünen, an der Unterseite hingegen glatten und glänzenden Blättern. Zwischen April und Juni erscheinen die Blüten auf spitz zulaufenden, gelblichen Ährenständen. Wie seine verschiedenen Unterarten, findet man diesen Strandhafer an den Küsten und Dünen im Mittelmeer- und Atlantikbereich.

MEDICAGO MARINA L. 4
(Leguminosae)

Ein an Sandstränden und Küstendünen gemeiner, den Boden kriechend bedeckender Hülsenfrüchtler. Blätter und Hülsen scheinen durch die dichte Behaarung von grün-silbriger Farbe. Die von kurzen Dornen bedeckten Fruchtschoten entwickeln Spiralen mit 2-3 Drehungen. Die gelben, auf rundlichen, kompakten Floreszenzen vereinten Blüten erscheinen zwischen März und Mai.

3

4

5

ERYNGIUM MARITIMUM L. 5
(Umbelliferae)

Die auf den Dünen und Sandstränden Kretas gedeihende (doch nicht sehr häufige) Stranddistel (eine mit stachligen Blüten versehene Art des Mannstreu) hat große, gewellte, grünbläuliche Blätter mit dornigem Rand. Die hellblauen Blüten sind zu dichten, kugelförmigen Dolden vereint und an der Basis von breiten, dornigen Brakteen umhüllt (Blütezeit März - Juli). Die Wurzeln der Stranddistel sind genießbar; in der Antike wurde sie von Dioskorides als blähungstreibendes Mittel empfohlen.

PANCRATIUM MARITIMUM L. 6
(Amaryllidaceae)

Lilienartiges, einkeimblättriges Amaryllis-Gewächs (Strandnarzisse oder Strandlilie) mit flachen, bandartigen, grün-bläulichen Blätter von 2-4 cm Breite, die Blattspreite ist mitunter auch mehrmals eingedreht. Die auffallende Pracht der großen, stark duftenden, lilienweißen Blüten, die zwischen August und Oktober erscheinen, hat die antiken Wandmalereien der Paläste von Knossos auf Kreta und von Thera (wie die Insel Santorini in der Antike hieß) inspiriert. Im gesamten Mittelmeerraum verbreitet, wird das *Pancratium* durch zügelloses Sammeln wachsend seltener.

EUPHORBIA PARALIAS L. 7
(Euphorbiaceae)

Der Namen "Strand-Euphorbie" leitet sich vom griechischen *paralios* – nahe am Wasser – ab. Perennierende, glatte, grau-grünfarbige krautige Pflanze mit aufrechten, starren, bis 50 cm hohen Stengeln, zahlreichen geradlinigen, nahe aufeinanderliegen oder teils überschichteten, spitz zulaufenden Blättern. Der für alle Wolfsmilch-Gewächse charakteristische schirmartige Blütenstand besteht aus einer variablen Anzahl strahlenförmig angeordneter eingeschlechtlicher Blüten, wobei die weiblichen von den männlichen (Scheinblüten genannten), und diese wiederum von Brakteen umgeben sind, deren Form variiert. Der kreisrunde Blütenstand der E. *paralias* besteht aus 3-6 Blütenrädern, umringt von ovalen, eingebuchteten Deckblättern. Die auf Kreta ziemlich seltene Pflanze gedeiht in den Dünenlandschaften des gesamten Mittelmeerraums und blüht April bis Mai.

6

7

8

9

10

CYPERUS CAPITATUS VAND. 8
(Cyperaceae)

Diese in den Senken zwischen den Dünen charakteristische perennierende Zypergrasart bildet, von einem langen, kriechenden Rhizom ausgehend, einen aufrechten, kannelierten Schaft mit schmalen, geradlinigen Blättern. Zwischen März und April erscheinen die Blüten: bräunliche Ähren, mit globusförmigen Köpfchen, von 1-3 starren, bis zu 15 cm langen Deckblättchen umhüllt. Dieses Zypergras ist auf Kreta ziemlich selten vorzufinden.

SILENE COLORATA POIR. SUBSP. COLORATA 9
(Caryophyllaceae)

Eine polymorphe Grasart, die sich mit aufrechten oder kriechenden Schäften von kurzer Lebensdauer und mit linearen-länglichen Blättchen präsentiert. Floreszenz März bis Mai. Die auffälligen, intensiv rosarot gefärbten Blüten mit gelappten Blütenblättern bilden keulenförmige Kelche. Nicht selten entwickelt sich eine diffuse, sehr dekorative Population, nicht nur an der Küste: dieses Gras gedeiht, einen sandigen Untergrund vorausgesetzt, auch vom Meer entfernt.

RUMEX BUCEPHALOPHORUS L. 10
(Polygonaceae)

Diese meist annuelle, kleinwüchsige Ampfer-Art präsentiert sich in variablem Habitus, mit einfachen oder verästelten fadenartigen Schäften. Die ebenfalls winzigen Blüten von grünlicher oder roter Farbe sind razemos oder ährenförmig vereint; mit dünnen, korzen, oder langen, verdickten Blütenstielen. Die Pflanzen besiedeln intensiv Sand- und Felsküsten, gedeihen aber auch auf feuchten Böden und zwischen Flußkiesel.

ANTHEMIS RIGIDA (SM.) BOISS. EX HELDR. SUBSP. RIGIDA 11
(Compositae)

Die bis 15 cm hohe Pflanze aus der Familie der Kamillen weist längliche, ein- oder zweifach gefiederte Blättchen mir geradlinigen oder lanzettenförmigen Abschnitten auf. Die tubulösen gelben Blüten, zu Köpfchen mit 3-9 mm Durchmesser vereint, erscheinen April bis Mai. Habitat: sandige oder felsige Gebiete bis Quote 2200 Meter.

11 →

←12

PLANTAGO WELDENII REHB. SUBSP. WELDENII 12
(Plantaginaceae)

Im Vergleich zur unten beschriebenen ist diese Wegerich-Art mit grün-rötlich gefärbten, in schmale Abschnitte segmentierten Blättern versehen; die zylinderförmigen Blütenständer, auf welchen von März bis Mai winzige Blüten erscheinen, sind beachtlich länger als die Blätter. Vollständig behaart; gedeiht auf felsigen Böden in Meeresnähe, ist jedoch auch bis 1000 M Höhe verbreitet.

PLANTAGO BELLARDII ALL. 13
(Plantaginaceae)

Ein kleinwüchsiges, an den dunkelgefärbten, einteiligen, geradlinig-lanzettenförmigen, bis 7 cm langen und in einer Grundrosette vereinten Blättern erkenntliches Wegerichgewächs. Die von April bis Mai entwickelten Blüten, die reizvolle geometrische Muster bilden, sieht man nur mithilfe eines Vergrößerungsglases: in dichte konusförmige Floreszenzen konzentriert, mit eingekerbten Kelchblättern, wobei die vorderständigen fast vollkommen frei stehen. Alle Teile der Pflanze (die auch an offenen

13

Stellen in der *Frigana* wächst) sind behaart.

MATTHIOLA TRICUSPIDATA (L.) R. BR. IN W.T. AITON 14
(Cruciferae)

Einjähriger, von weißlichem Filz überzogener Kreuzblütler mit robustem Schaftansatz und krautartigen Halmen. Die Blüten (März – April) bestehen aus 4 Blütenblättern von hellrosa bis violetter Farbe. Die bis 10 cm lange Fruchtschote wird von einem Überbleibsel des Stigmas überragt, das ein Anhängsel mit 3 Hörnchen bildet, von dem diese Art ihren spezifischen Namen ableitet (*tricuspide* "dreispitzig"). Habitat: Sand- und Felsküsten und in altem Mauerwerk. Auf Kreta findet man die *Matthiola* vornehmlich an der nördlich ausgerichteten Küste.

14

15

Ononis natrix L. [15]
(Leguminosae)

Dieser haarige, drüsenbewehrte, klebrig anzufassende und mehr oder wenig unangenehm riechende Hülsenfrüchtler (ein Verwandter unseres "Ochsenbrechs") bildet halbkugelige, stark verästelte Polster. Die Blätter sind in 3 gezahnte Abschnitte unterteilt; die gelben, außenständig purpurfarben geäderten Schmetterlings-Blüten (März–Juli) sitzen auf langen, mit spitzen Anhängseln versehenen Stielen; die hängenden Hülsenfrüchte werden 10-25 mm lang.

Juniperus oxycedrus L. subsp. *macrocarpa* (Sm.) Ball [16] [17]
(Cupressaceae)

Dieser holzige, diözische Wacholderstrauch mit knorrigen Ästen und bis 2,5 cm langen, stechenden Nadeln, die an der Oberseite zwei weißliche lineare Streifen aufweisen, trägt Konusse - fleischige, braune Beeren mit einem Durchmesser bis zu 1,5 cm (der Namen der Subspezies *macrocarpa* rührt vom grch. *macro*, groß und *carpos*, Frucht). Nadeln und Beeren finden als Diuretika Verwendung, das aromatische Holz für Drechsel- und Einlegearbeiten. Die Pflanze gedeiht in Nähe der Küsten auf sandigen oder felsigen Böden und bildet reizvolle intensive Populationen, fast Wäldchen, sowohl auf der Insel Chrisi, vis-à-vis von Ierapetra, als bei Elafonissi im westlichsten Territorium von Kreta. Diese dichten Wacholderstrauch-Formationen an Sandstränden und Steilküsten repräsentieren ein Habitat von EU-kommunitärem Interesse.

16

Phoenix theophrasti Greuter [18]
(Palmae)

Bereits Homer erwähnt diese Theophrastus gewidmete Palme im Rahmen der Geschichte von der Geburt Apolls im Schatten der Palmen, die von Delos angeblich durch Theseus (den heroischen Bezwinger des Minotaurus) nach Kreta gebracht worden waren. Die bis 15 M hohe Theophrast-Palme gewinnt durch ihre mehr oder weniger gebogenen Nebenstämme einen charakteristischen, eleganten Habitus. Die endständige Krone besteht aus bis 2 M langem einkeimblättrigem Laub; die Pflanze trägt erst in reifem Alter Früchte.

17

18

Felsküsten und Klippen

Auf den ständig von der Meergischt übersprühten Klippen können nur hochspezialisierte Pflanzen überleben, die in den Felsspalten Wurzeln fassen und eine Resistenz gegenüber Brackwasser entwickelt haben. In diesem Habitat finden wir die Halophyten *Crithmum maritimum*, eine Umbellifere mit fleischigen Blättern, und verschiedene *Limonium*-Spezies, die sich von Zone zu Zone stark voneinander unterscheiden. Am Meer haben kleine Pflänzchen die Spalten in den Klippen kolonisiert, die ihre Wurzeln im Felsgestein zu verankern vermögen (Lythophyten): die silbrig glänzende *Paronychia macrosepala, Silene sedoides* mit fleischigen, rötlichen Blättern, und die dicht behaarte *Anthemis ammanthus* subsp. *paleacea.* Einige Gewächse, wie *Spergularia bocconei, Reichardia picroides* und *Frankenia*-Arten, haben sich sowohl felsigen als sandigen Böden angepaßt.
Die mediterranen Pflanzengemeinschaften der Felshänge zählen mit verschiedenen Spezies der Gattungen *Limonium* und Euphorbia, sowie *Crithmum maritimum* und *Silene sedoides* zu den geschützten Gewächsen von kommunitärem Interesse.

Crithmum maritimum L. 19
(Umbelliferae)

Dieser Korbblütler mit fleischigen Blättern ist eine echte Salzpflanze, die auf den steil abfallenden Felshängen Kretas stark verbreitet ist. Zwischen August und Oktober erscheinen die kleinen gelben Blütenschirme, die sich auch in ausgetrocknetem Zustand den ganzen Winter über auf dem Schaft bewahren. Von dem auch im deutschsprachigen Raum bekannten Meerfenchel werden vor der Blütezeit die jodhaltigen, an Vitamin C und Mineralsalzen reichhaltigen Blätter gesammelt und als aromatisch säuerlich-bitterliche rohe Würze von Salaten oder in Essig eingelegt genossen.

19

LIMONIUM SINUATUM (L.) MILL. SUBSP. SINUATUM [20]
(Plumbaginaceae)

Die perennierende, bis 40 cm hohe Pflanze aus der Familie der Strandnelkengewächse ist zottig behaart; Grundrosette mit fiederlappigen, an den Rändern gewellten Blätter bis 10 cm Länge. Der Schaft weist 4 Membranflügel auf, die sich an den Nodien in 3 Anhängsel teilen. Die Blüten (April-Mai) sind zu dichtwüchsigen Floreszenzen vereint, wobei die Kelche eine pergamentartige Konsistenz und hellblau-violette Färbung und eine unscheinbare gelbliche Korolle aufweisen.
Alle *Limonium*-Spezies gedeihen, meist an Felshängen, in Meeresnähe. Dabei erkennt man einige, wie *Limonium graecum* (Poir.) Rech., dessen kleine rosafarbenen Blüten vom Juli bis September die Felsen beleben, als echte Halophyten auf den Steilklippen; *Limonium sinuatum* zählt hingegen zu den Lythophyten.

20

21

PARONYCHIA MACROSEPALA BOISS. [21]
(Caryophyllaceae)

Perennierende Pflanze mit kleinen, ovalen, gegenübersitzenden und von feinen Härchen überzogenen Blättchen von grün-grauer Farbe. Die kleinen weißen Blüten sind zu Köpfen vereint und von silbrigen Deckblättchen umfaßt. Habitat: trockene Böden an Sand- und Felsküsten.

22

SILENE SEDOIDES POIR. [22]
(Caryophyllaceae)

Annuelle kleine Grasart (bis 10 cm hoch), mit fleischigen, dicht behaarten, 1 cm langen Blättchen von nicht selten roter Farbe. Die rosaroten oder weißlichen Blüten erscheinen März bis Mai. Gedeiht in Meeresnähe, meist in Felsspalten, doch auch auf sandigem Grund.

<u>*Anthemis ammanthus* Greuter subsp. *paleacea* Greuter</u> 23
(Compositae)

Diese auf Kreta endemische Subspezies findet man ausschließlich im Osten der Insel, auf Felsgrund nahe dem Meer und an den Hängen der nahen Inselchen. Einjährig, mit dünnen, durch die dichte Behaarung weißlich erscheinenden Hälmchen und winzigen fleischigen Blättchen, die Grundblätter gestielt, Folgeblätter sitzend. Die Blütenköpfchen dieser Verwandten der Kamille (Durchmesser ca. 1 cm) werden von rauhen Brakteen umfaßt, mit spitzigen und behaarten Schuppen. Die röhrenförmigen Blüten (April-Mai) sind gelb gefärbt.

23

<u>*Spergularia bocconei* (Scheele) Graebn in Asch. & Graebn</u> 24
(Caryophyllaceae)

Eine bis 25 cm hohe, annuelle Pflanze mit dünnen Halmen und kleinen Blättchen. Die Blüten (März-Mai) sind rosafarben auf weißem Grund; der Halmschaft wird beim Blütenstand haarig-drüsig. Die auf Kreta ziemlich seltene Pflanze gedeiht an Felsstränden, Sandstränden (hier bleiben die Sandkörnchen an Halmen und Blen und Blättern haften) und auf salzigen, brackigen Böden.

24

25

<u>*Reichardia picroides* (L.) Roth</u> 25
(Compositae)

Die Höhe dieser perennierenden Pflanze variiert zwischen 5 – 45 cm. Grundblätter ganz oder gefiedert, endständig auf kleine Schuppen reduziert. Von März bis Mai erscheinen die zu meist einzelnen Köpfchen auf ca. 20 cm langen Stielen vereinten gelben, purpurfarben geäderten und mit Blatthäutchen versehenen Blüten. Jedes Blütenköpfchen ist von einer aus herzförmigen Brakteen mit membranartigem Rand gebildeten Hülle umgeben. Habitat: Strandklippen, Sandstrände, sowie altes Gemäuer und Felsspalten.

26

FRANKENIA PULVERULENTA L. SUBSP. PULVERULENTA 26
(Frankeniaceae)

Einjährige Pflanze mit am Boden kriechenden (mitunter sich aufrichtenden) und feinbehaarten Schäften; kleine, ovale oder ellyptische, in der Mitte eingebuchtete Blättchen. Zwischen März und Juni erscheinen zahlreiche violettfarbene winzige Blüten an den Verästelungen oder zu einer Blütenähre vereint. Habitat: in Meeresnähe, auf felsigem oder sandigem Substrat.

FRANKENIA HIRSUTA L. 27
(Frankeniaceae)

Diese kleine Frankenia-Art ist dicht behaart, insbesonders an den Zweigspitzen, und oft von einer feinen Staub- oder Sandschicht überzogen, die an den Blättem haften bleibt. Die weißen Blüten, zu breiten, dichten Büscheln an den Schaftspitzen vereint, erscheinen im April.

27

MEDICAGO ARBOREA L. 28
(Leguminosae)

Die strauchwüchsige, von seidigen Härchen bedeckte Luzerne wird bis zu 4 Meter hoch. Die Blätter formen eiförmige Abschnitte; die Blüten (Februar – Mai) sind 1,2 – 1,5 cm lang, gelb, und zu kurzen Traubendolden vereint. Die Hülsenfrüchte mit genetzter Äderung sind spiralenförmig eingedreht. Diese ursprünglich von den Inseln Karpatos und Kasos stammende Luzerne ist auf Kreta weitgehend naturalisiert und wird als Zierpflanzen für Gärten und Straßenbordüren kultiviert.

28 →

29

30

MALCOMIA FLEXUOSA (SM.) SM. [30]
(Cruciferae)

Kleiner, einjähriger Kreuzblütler mit länglichen, gezahnten Blättern und rosa-purpurfarbenen, in der Mitte etwas helleren Blüten mit eingekerbten Blütenblättern. Die schmale, lange Schote ist nur wenig größer als der Stengel. Die Pflanze blüht vom März bis Mai und bevorzugt als Standort Meeresnähe mit Kalkablagerungen, Felsspalten, Sandböden, kolonisiert aber auch alte Mauern.

*

31

Auf den Klippen, die das Meer überragen und extremen Umwelteinflüssen ausgesetzt sind, haben Bäume keine Überlebenschancen. Hingegen findet man Strauch- und Buschgewächse wie *Juniperus phoenicea* und *Thymelaea hirsuta*, als Repräsentanten einer Übergangsphase auf die Vegetationsform *Frigana*.

JUNIPERUS PHOENICEA L. [29]
(Cupressaceae)

Ein Wacholderstrauch mit zylindrischen Ästchen, die von glatten schuppenartigen Nadeln bedeckt sind. Die Krone läuft meist pyramidenförmig zu, doch wechselt die in geschützten Zonen aufrechte Wuchsform in offenen, den Winden ausgesetzten Standorten auf eine bodenwärts gebeugte. Die runden, anfänglich grünen Wacholderbeeren erlangen mit der Reife eine rote Farbe. Die Pflanze gedeiht, stets in Meeresnähe, auch in der *Frigana*-Vegetation.

THYMELAEA HIRSUTA (L.) ENDL. [31]
(Thymelaeaceae)

Der kleine, immergrüne Strauch erscheint durch eine dichte filzige Behaarung grau gefärbt. Die schuppenartigen, dicht übereinander liegenden Blätter präsentieren sich an der Oberseite weiß und filzig, an der Unterseite hingegen glatt. Die Blüten (Oktober – März) werden von einem gelben Perianthium gebildet. Habitat: Sandküsten oder felsige Zonen in niedrigen Höhenquoten; auf Kreta hauptsächlich im Zentrum und im westlichen Abschnitt verbreitet.

WÄLDER

Seit Urzeiten stellten die Wälder für den Menschen ein unschätzbares Gut dar: sie lieferten im Nahrung, Heilmittel, Harze, Holz und Holzkohle. Die antiken Einwohner Kretas nutzten die Gehölzer für den Bau von Häusern, Festungen und Schiffen, sowie zur Fertigung von Mobiliar, Türen und Fenstern, und Gebrauchsgegenständen. Die ältesten, uns verbliebenen Zeugenschaften reichen auf die minoische Epoche zurück, als die Paläste in Knossos und Phaistos errichtet wurden. Überdies wurde das Holz nach dem Kontinent und nach Ägypten verschifft: dort nutzte man vornehmlich das resistente Holz der Zypressen, aus dem Sarkophage gezimmert und Skulpturen und Tempel geschaffen wurden. Gleichzeitig wurde auf der Insel intensiv abgeholzt, um Raum für Acker- und Weideland zu gewinnen und die Waldflächen wurden drastisch reduziert.

Während der venezianischen Herrschaft (1210 – 1660) wurde die Ausfuhr von Holz untersagt und die Nutzung der vermutlich schon damals durch maßlose Ausbeutung dezimierten, doch für die Aufrechterhaltung der Flotte lebenswichtigen Waldbestände blieb dem Staat vorbehalten.

Das Interesse an der Waldpflege endete mit der Übernahme der Insel durch

Letzte Zeugen des antiken Baumbestands: (oben) ein Zypressenhain und (unten) **Pinus brutia.**

Links: Zypressen nahe der Schlucht von Samaria; Mitte und unten: Olivenbäume und Frigane-Formation.

die Türken (1669), die an die Umweltpflege kaum einen Gedanken verwendeten. Dazu kam, daß die Kreter von den Küsten in die Berge flüchteten, wo dann das Wachstum des Hirtentums (das gezielte Waldbrände zur Gewinnung neuen Weidelands bedeutete) den Wäldern Kretas den letzten Schlag verabreichte.
Nur wenige, wenn auch repräsentative Exemplare des ursprünglichen ausgedehnten und üppigen Baumbestands von Kreta haben überlebt. Auf dem Lefka Ori, den "Weißen Bergen", findet man kleine Populationen von *Cupressus sempervirens* (mit jahrhundertealten, bis 30 M hohen Exemplaren von seltener Schönheit) und *Pinus brutia*.
Diese Pinienart trifft man auch auf dem Dikti-Berg und im Gebirge von Sitìa, in Gavdos, sowie auf der Insel Gaidouronissi an. Zypressenwälder sind in Quoten zwischen 800 und 1500 Meter Höhe verbreitet, zuweilen mit Macchiabildungen und Ölbäumen als Unterholz; oberhalb der 1000-Metergrenze findet man größere Ausdehnungen, des öfteren in Gemeinschaft mit *Acer sempervirens* und charakteristischen Gewächsen der Gariga- und Frigana-Vegetation, wie *Euphorbia acanthothamnos, Phlomis fruticosa, P. lanata, Coridothymus capitatus* und *Salvia fruticosa, Berberis cretica*. Auch *Quercus coccifera* bildet kleine Wäldchen, doch ausschließlich in Quoten zwischen 350 und 1000 Metern. In bewaldeten Gebieten gedeihen zahlreiche Gräser und krautige Pflanzen, u.a. verschiedene Orchideenarten, das *Arum idaeum* von kurioser Wuchsform, und die duftende, weiße Zyklamenart *Cyclamen creticum*. Auf schattigen, stets von Wassertropfen benetzten Felsen trifft man den kleinen, grün-roten Farn *Selaginella denticulata*.

Cupressus sempervirens L. f. horizontalis (Mill.) Voss 32
(Cupressaceae)

Diese immergrüne Nadelholzgattung zeichnet sich durch schuppenförmige, dachziegelartig anliegende Blätter und mehr oder weniger kugelige, aus 8-14 holzigen Schuppen gebildeten Zapfen aus. Im gesamten Mittelmeerraum verbreitet, doch in Europa nur auf Kreta spontanwüchsig, in der charakteristischen offenen Wuchsform *horizontalis*; bildet mitunter monospezifisch, oder in Gemeinschaft mit anderen Baumgewächsen kleine Wälder. Die Spezies *sempervirens* mit dicht am Stamm anliegenden Ästen wird häufig entlang Straßen und auf Friedhöfen gepflanzt. In der Tat hat der Zypressenbaum nicht nur einen überaus großen Stellenwert als ornamentales Ziergewächs, sondern genoß bereits in der Antike kultische Bedeutung: Der Namen leitet sich angeblich von *Kyparissos* , "dem von Apoll Geliebten" ab, der sich, vom Schmerz über die unbeabsichtigte Tötung eines den Göttern heiligen Hirschen überwältigt, in Zypresse verwandelte (den Griechen galt er dem Plato heilig und als Symbol der Trauer). Überdies hatte der Mensch sehr früh die besondere Qualität seines Holzes erkannt, was wesentlich zur Dezimierung des spontanen Bestands führte. Dennoch sind uns, vor allem im Westen Kretas, verschiedene kleine Wäldchen verblieben, während am Anfang der Schlucht von Samaria noch besonders schöne jahrhundertealte Exemplare zu bewundern sind. Auch in der Schlucht von Imbros und in den Klammen unweit der See findet man Zypressen vor und in den "Weißen Bergen" in Gemeinschaft mit *Acer sempervirens* und *Quercus coccifera.*

Pinus brutia Ten. 33
(Pinaceae)

Ein bis 30 M hohes Nadelgewächs mit geradem Stamm, 8-12 cm langen Nadeln und leicht gebogenen Zapfen, das bis zur 1200 Metergrenze auf Felsböden, in den *Gorges* auf Steinhaufen, und an kalkigen Hängen wächst und nicht selten große Populationen bildet, vornehmlich auf den Bergen Lefka Ori, Dikti und im Gebirge von Sitìa. Es handelt sich hierbei um "Natur"-Wälder, obwohl angenommen wird, daß hier ein Neubesatz der ursprünglich existierenden Abundanz erfolgte: Sie gelten als Habitat von prioritärem Interesse. Wie andere Pinienarten, nutzt man auch diese zur Harzgewinnung für den in Griechenland beliebten trockenen Weißwein *Retsina.* Tiere meiden die Pinie wegen ihres ätzenden Geschmacks. Aufgrund ihres Harzgehaltes kommt sie leicht in Brand, doch verdankt das Gewächs gerade dem Brand ihre rapide Diffusion: die reifen Zapfen explodieren bei der starken Hitze und die Samenkerne werden in weite Entfernung geschleudert, sodaß die Verbreitung der Spezies gesichert wird.
Habitat: Karge Substrate, vornehmlich in sonnigen Ausrichtungen. In Pinienwäldern gedeihen nur wenige krautige Gewächse, vornehmlich Orchideen.

33

34

ACER SEMPERVIRENS L. 34
(Aceraceae)

Immergrünes Ahorngewächs, lebt an Felshängen und in bewaldeten Zonen mit Kalkböden in Quoten zwischen 200 bis 1700 Metern. Bis 5 Meter hoch; mit ganzen oder (meist) dreilappigen Blättern. Nach der Blütezeit (April – Mai) bilden sich die in hängenden Floreszenzen gruppierten geflügelten Spaltfrüchte.

CYCLAMEN CRETICUM (DORFL.) HILDEBR. 35
(Primulaceae)

Wie der Namen verrät, ist diese wunderschöne, schneeweiß blühende Zyklame auf Kreta endemisch, wo man sie im Frühling in Zypressen- und Pinienwäldern, in der *Macchia* und in schattigen steinigen Zonen bis zur 1000 Meter-Grenze vorfindet. Form und Farbe der Blätter erinnern an Efeu; sie sitzen an langen, rosa-braunen Stielen und sind gezahnt. Die weißen, duftenden Blüten haben charakteristisch länglich und eng zulaufende Blütenblätter. Die ziemlich große Wurzelknolle ist an der Spitze abgeflacht. In den letzten Jahren wurde diese Zyklame von Blumenzüchtern allzustark gesammelt und heute ist die Pflanze im Anhang nr. II des CITES-Abkommens über Protektion und Handel mit wilden Pflanzen und Tieren eingetragen.

ARUM IDAEUM COUSTUR. & GAND. 36
(Araceae)

Diese auf Kreta endemische Aronstab-Art findet ihr Habitat in den Bergen, zwischen 900 und 2400 M Höhe, auf kalkigen Gesteinsböden, oft in Assoziation mit *Berberis cretica*. Die eingeschlechtlichen Blüten sind entlang eines fleischigen, Kolben-Blütenstands angeordnet (die weiblichen grundständig, die männlichen oberständig). Dieser Kolben ist von einer Spatha oder Hochblatt genannten, 5-8 cm langen, weißen, im Inneren purpurn geäderten und an der Außenseite grünlichen Lamina umhüllt, die auf halber Höhe eingeknickt ist. Die Früchte sind (giftige) Beeren; die glänzend grünen, lanzettenförmigen Blätter sitzen an langen Stielen.

35

37

<u>SELAGINELLA DENTICULATA (L.) SPRING</u> [37]
(Selaginellaceae)

Eine kleinwüchsige Farnart mit empfindlichen, kurzen, kriechenden Schäften grüner Färbung. Die Blätter (Wedel) sind vierreihig angeordnet -die beiden unteren sind flach und breit, die oberständigen kleiner und eng an den Ästchen anliegend– oval, feingezahnt und bis 2,5 mm lang. Die ungeschlechtlichen, Sporen genannten Fortpflanzungskörper, sind in einer Sporenkapsel (Sporangium) enthalten.

38

<u>PYRUS SPINOSA FORSSK.</u> [38] [39]
(Rosaceae)

Wilder, stark verästelter und nicht selten dorniger, blattabwerfender Birnbaum oder Strauch. Die Blätter (die an die des Mandelbaums erinnern) sind schmal, ellyptisch, ungegliedert oder schwach dreilappig eingebuchtet. Die Blüten (März–April) bestehen aus 5 weißen, apikal stumpfen Blütenblättern. Die rundlichen, gelb bis braun gefärbten Früchte tragen an der Spitze den restlichen Blütenkelch.

39

MACCHIA

Wo Brände und intensive Rodungen am Werk waren, hat die Natur den Baumbestand durch immergrüne Sklerophyllen ersetzt, meist Strauch- oder Staudengewächse und kleine, 5-7 M hohe Bäumchen, die, als kompakte und oft undurchdringliche Zönosen, die sogenannte *Macchia mediterranea* bilden – etymologisch vom korsischen *maquis* aus dem lateinischen *macula*, Fleck, abgeleitet (auf die unterschiedliche Farbe und auf die unregelmäßige Distribution der Gewächse innerhalb dieses Vegetationstypus bezogen). Wie in der Folge ersichtlich sein wird, wäre die Bezeichnung *Garigue* zutreffender.
Auf Kreta entwickelt sich die *Macchia mediterranea* bis zur 1100 Meter-Grenze, vornehmlich im westlichen, klimatisch relativ feuchterem Teil der Insel, ist aber wegen häufiger Brände und intensiver Beweidung oft degradiert.
Charakteristisch, vor allem in Küstennähe sind der Ölbaum, der Johannisbrotbaum, die Eichenart *Quercus coccifera*, die Wacholderbaumart *Juniperus phoenicea* und an Stellen mit intensivem Lichteinfall, *Styrax officinalis.*
Der Grasboden wird nicht selten vom weiß blühenden *Cyclamen creticum* belebt.Die Macchia präsentiert sich in verschiedenen spezifischen Typologien: als Buschwald mit *Euphorbia dendroides,* an den Hängen, hochwüchsige *Macchia* mit *Pistacia lentiscus*; Maquis prädominant mit Ölbäumen und Johannisbeerbäumen bewachsen, dazu können auch die für die Vegetationstypologien *Gariga* und *Frigana* typischen Pflanzenelemente *Calicotome villosa, Cistus salviifolius, Genista acanthoclada* und, in feuchteren Zonen, *Laurus nobilis* und *Myrtus communis* vertreten sein.
Die *Macchia* mit prävalentem Oliven- und Johannisbrotbaumbewuchs in Präsenz von *Pistacia lentiscus* und Myrten, ist als naturalistisch wertvolles Habitat auf UE-Ebene klassifiziert.

Maquis in verschiedenen Typologien: mit Kermeseichen (oben); bereits stark degradiert (Mitte); von* Euphorbia dendroides *kolonisiert (unten).

40

Olea europaea L. [40]
(Oleaceae)

Die ältesten Quellen über den Ölbaum finden wir in der alttestamentarischen *Genesis* [I Mose/Genesis 8.,11] mit der Erwähnung, eine von Noach nach der Sintflut ausgesandte Taube sei mit einem "frischen Blatt von einem Ölbaum im Schnabel" zurückgekehrt. Darstellungen des Olivenbaums aus minoischer Epoche fand man in Wandmalereien in Knossos; eine Episode der griechischen Mythologie erzählt von einem Wettstreit zwischen Poseidon und Athena um den Besitz Attikas: die Göttin pflanzt einen Ölbaum, ein unschätzbares Gut, für das sie zur Siegerin erklärt wird. Seit der Antike symbolisiert der Olivenbaum Eintracht und Frieden und das daraus gewonnene Öl ein wertvolles Produkt. Aphrodite wird auf Zypern von den Chariten mit dem unsterblichen Öl gesalbt, wie es den ewigen Göttern anhaftet; es diente zunächst als medikamentöses Mittel, danach zur Beleuchtung und erst später auch als Nahrungsmittel. Das harte, hell-dunkel gemaserte Holz, das eine wunderschöne Politur annimmt, empfahl es für Drechsel- und Einlegearbeiten. Oleaster, der wilde Ölbaum *Olea europea* L. subsp. *oleaster* ähnelt der kultivierten Spezies (hier abgebildet), von der er sich durch dornige Äste, kleinere Blätter und Früchte und durch die Strauchform unterscheidet. Der Oleaster, auf Kreta vor allem im Südwesten vertreten, wird häufig als Pfropfunterlage für kultivierte Varietäten genutzt.

41

Ceratonia siliqua L. [41]
(Leguminosae)

Der Johannisbrotbaum gedeiht in Quoten, die vom Meeresspiegel bis zu 700 Metern reichen. Ein immergrünes Bäumchen mit dunkelfarbigen, glänzenden, zusammengesetzten Blättern, das zwischen Spätsommer und Ende Dezember blüht und danach die charakteristischen, bis 20 cm langen Hülsenfrüchte bildet. Diese enthalten fast kugelrunde, in Form und Gewicht homogene Samen, von deren arabischer Bezeichnung *qyrat* (kleines Gewicht) das Gewichtsmaß für Edelsteine "Karat" abgeleitet wurde. Der Namen *Ceratonia* hingegen stammt von der griech. Verkleinerungsform zu *kéras*, Gen. *keratos* (Horn) (im deutschen als "Bockshorn" übernommen). Aus den gerösteten Früchten des Johannisbrotbaums wird ein Kaffee-Ersatz erzeugt, und aus den Samen produziert die Industrie Gemüsebrühwürfel, Melasse und Getränke, überdies einen Appreturgummi und einen Ersatz für Tragantgummi und für Gummiarabikum. Seit der Antike ist der Nährwert der "Bockshörner" bekannt: In der Bibel (Lukas, 14,15) hätte sich der verlorene Sohn damit begnügt, «seinen Magen mit Bockshörnern zu füllen», die den Schweinen vorgestreut wurden, was ihm aber versagt blieb.

Quercus coccifera L. [42]
(Fagaceae)

Die Kermeseiche kann als Bäumchen 3-5 m hoch werden, präsentiert sich aber meist strauchwüchsig. Wenn ausgewachsen, sind die 1,5–4 cm

42

langen Blätter ledrig, mit gewelltem, an der Spitze gezahntem und mit starren Dornen besetztem Rand, an der Oberseite dunkelgrün und glänzend (bei jungen Exemplaren fehlen die Dornen). Die Früchte (Eicheln) sind teils von einem schuppenförmigem, spitzig zulaufenden, filzigem Käppchen (*Cupula* oder Fruchtbecher genannt) umfangen und werden als Schweinefutter verwendet. Die Pflanze schlägt sowohl aus den Wurzeln als am Stamm Sprossen, für die Ziegen eine große Vorliebe zeigen, und ist oft von einem Schmarotzer, der Kermesschildlaus, befallen, aus der im Altertum ein Rotfärbemittel (*Karmoisin*) gewonnen wurde. Die Kermeseiche ist auf Kreta bis Quote 1600 M verbreitet (wozu auch die häufigen Brände beitragen, nach denen zahlreiche neue Triebe sprießen) und repräsentativ für die Vegetationstypologie Maquis, kommt aber auch an den bewaldeten Ost- und Südhängen des Psilorytis vor.

EUPHORBIA DENDROIDES L. 43
(Euphorbiaceae)

Kleines Bäumchen der Wolfsmilchgewächse mit sukkulenten, kandelaberartig verästelten Zweigen, auf denen die von den abgefallenen Blättern hinterlassenen Narben sichtbar sind. Das Laub enthält einen milchigen, giftigen Latex, in der Vergangenheit in der (verbreiteten) Raubfischerei verwendet. Die einfachen, wechselständigen Blätter sind nur auf jungen Zweigen präsent; die Blüten bilden schirmartige Floreszenzen, die Früchte sind Kapseln.

44

43

STYRAX OFFICINALIS L. 45
(Styracaceae)

Das Laub des bis 4 M hohen Storaxbaums besteht aus ganzen, samtigen Blättern; die glockenartigen, weißen, duftenden Blüten sind zu Dreiergruppen vereint. Diese Gehölzgattung ist seit dem Altertum wegen des wohlriechenden, aus der Rinde gewonnenen Harzes bekannt, das Griechen und Römer als Weihrauch, als Parfum und als Heilmittel bei Asthma und Husten nutzten. Nach der Mythologie liegt der Ursprung des Styrax auf Kreta, wo ihm der heroische Radamant, der Bruder des sagenhaften Königs Minos, erstmals begegnete.

PISTACIA LENTISCUS L. 44
(Anacardiaceae)

Aus dem immergrünen Mastixstrauch mit meist gleichgefiederten, zusammengesetzten Blätter und zuerst roten, später schwarzen Steinfrüchten, gewann man im Altertum durch Anritzen das farblose bis grünliche Harz, Mastix genannt. Es wurde zum Aromatisieren von Wein und als Kosmetikmittel zum Ankleben falscher Wimpern benützt. Heute findet der aus gezüchteten Varietäten gewonnene Mastix als Ingrediens für Kaugummi Verwendung, und aus den Früchten wird ein alkoholisches Getränk destilliert (Raki).

45

LAURUS NOBILIS L. 46
(Lauraceae)

Nach der griechischen Sage wurde die von Apoll geliebte und verfolgte Nymphe Daphne auf das Flehen ihrer Mutter Gäa (Erde) in einen Lorbeerbaum verwandelt, der seit altersher Sieg, Respekt und Macht symbolisiert: Apoll selbst betritt Delphi als Eroberer mit einem Lorbeerkranz gekrönt; die Pythie kaut Lorbeerblätter, bevor sie Orakel spricht; in der jüngeren Vergangenheit schmückte ein Lorbeerkranz die Häupter der frisch promovierten Universitätsabgänger. Auch die medizinischen und aromatischen Eigenschaften des Gewächses schätzte man seit Urzeiten: aus den Früchten gewinnt man das *Oleum lauri* für antirheumatische Salben; die Blätter finden als Würze und aromatische Basis für Liköre Verwendung. Der immergrüne Lorbeerstrauch hat wechselständige, lanzettenförmige, aromatische Blätter; aus den unscheinbaren gelblichen Blüten (März–April) entwickeln sich die schwarzen Früchte. Auf Kreta ist das Gewächs im zentralen und westlichen Abschnitt in niedrigen Lagen verbreitet und nicht selten als Zierpflanze in den Gärten, kunstvoll zu Hecken oder Einzelformen beschnitten, vorzufinden.

46

MYRTUS COMMUNIS L. SUBSP. COMMUNIS 47
(Myrtaceae)

Die Myrte war der "schaumgeborenen" Göttin Aphrodite geweiht, die ihre Blöße mit Myrtenzweigen bedeckte, und galt stets als ein Symbol für Schönheit und Jugend. In der Antike wurde sie überdies als Panazee erachtet, insbesonders als Gegengift bei Schlangen- und Skorpionbissen, und als schleimlösendes und keimtötendes Mittel gegen Erkrankungen der Atemwege. Heute verwendet man Blättchen und Früchte vornehmlich zur Würze von Fischgerichten und für aromatische Liköre. Die gegenständig gekreuzten, spitzen und glänzenden Blättchen enthalten das besonders aromatische Myrtenöl; Die aus 5 weißen Blütenblättchen und ebensovielen Kelchblättern gebildeten Blüten umhüllen zahlreiche Stamen; die Früchte sind kleine, dunkelblaue ovale Beeren, an denen oberständig der Blütenkelchansatz zu sehen ist. Die in Nordeuropa auch als "Brautschleier-Myrte" bekannte Pflanze (aus den blühenden Zweigen werden Brautkränze gebunden) ist auf Kreta im Inneren und im Westen verbreitet.

47

GARIGUE UND FRIGANA

Wie bereits erwähnt, degradiert sich die Vegetationstypologie Maquis aufgrund übermäßiger Abholzungen und Beweidungen, sowie durch Brände zusehends und die Verarmung der verkahlten Böden und die daraus folgernde Bodenerosion läßt Bäume und hochwüchsige Sträucher verkümmern. Anstelle der *Macchia* finden wir, vornehmlich wo trockene Mikroklimata vorherrschen, Garigue und Frigana. Die Garigue besteht aus immergrünen, 50 – 100 cm hohen Strauch- und Halbstrauchgewächsen, die Frigana hingegen ist von höchstens 50 cm hohen, im Sommer meist laubabwerfenden Strauch- und Staudengewächsen geprägt. Allerdings sind die beiden Vegetationsmuster durch die Präsenz zahlreicher gemeinsamer Spezies und verschiedenartigen Übergangsstadien nicht immer klar zu trennen. In jedem Fall handelt es sich um Florenarten, die für den ägäischen Raum typisch sind: Im folgenden Abschnitt werden die jeweiligen Charakteristiken und Unterschiede hervorgehoben.

Die Frigane (oben) repräsentiert die degradierte Variante der Vegetationsform Garigue (unten).

Die Garigue

Die Garigue ist eine diskontinuierliche Vegetationstypologie mit oft dornigen (Tierfraß abwehrenden) Sklerophyllen- und Halbstrauchgewächsen bis max. 1 M Höhe in einem von großen Lichtungen und zutage tretenden Felsen geprägten Ambiente, sowohl im Landinneren als an den Küsten. Die Florenelemente variieren je nach Substrat, Höhenquote und phytogeografischer Zone. Man unterscheidet zwischen verschiedenen Garigue-Typen: je nachdem ob es sich um die Kolonisierung durch eine Pflanzenvielfalt, oder um die respektive Prädominanz von *Euphorbia acanthoclada, Phlomis fruticosa* und *Salvia fruticosa* handelt (als Habitat von kommunitärem Interesse klassifiziert).

Am häufigsten ist die *Cistus*-Gattung vertreten, den Zistrosen mit ihren prächtigen, wenn auch ephemeren Blüten, die kurz nach jedem Brand wieder aufleben; *Daphne sericea* und die herrlich duftende Lavendelart *Lavandula stoechas,* sowie der gelbblühende, dornenbewehrte *Calicotome villosa*-Strauch. In den Lichtungen gedeihen zahlreiche krautige Gewächse, der weiße und der gelbe Asphodyll und viele Zwiebelgewächse, darunter auffallende Orchideen der Gattungen *Ophrys* und *Orchis.*
In Zonen mit etwas Bodenfeuchtigkeit finden wir drei Angehörige der Rachenblütler: *Bellardia trixago, Parentucellia latifolia* und *P. viscosa,* sowie Orchideen der *Serapias*-Familie.

Garigue im Blütenkleid, wobei sich die rosafarbenen Zistrosen abheben.

48

<u>*Cistus creticus*</u> L. 48
(Cistaceae)

Diese Zistrose zeichnet sich durch ihre auffällige Blütenpracht und die dichte Behaarung der Blattunterseiten aus. Strauchwüchsig, mit eng aneinander geschmiegten Schäften, gegenständigen, ovallanzettenförmigen und an den Rändern leicht gewellten Blättern; die einfachen oder zu 2er – 3er-Gruppen geordneten Blüten mit einem Durchmesser von 4-6 cm sind aus je 5 ephemeren Blütenblättern und Kelchen von lebhafter rosaroter Färbung zusammengesetzt, am Grund gelbfarben, mit zahlreichen, ebenfalls gelben Stamen. Blütezeit März bis Mai. Aus diesem Zistrosengewächs gewinnt man ein Harz für medizinische und kosmetische Zwecke, das die Mönche im Mittelalter zur heißesten Tagesstunde (wenn das, Harz ähnlich wie Tautropfen, ausgeschieden wird) mittels eigens aus Leder gefertigten "Kämmen" sammelten.

<u>*Cistus parviflorus*</u> Lam. 49
(Cistaceae)

Der bis 70 cm hohe, dicht verästelte kleinblütige Strauch trägt ondulierte, an der Oberseite leicht filzige Blätter. Zwischen April und Mai bedeckt er sich mit zahlreichen, rosaroten Blüter (max. Durchmesser 3 cm). Wie alle Angehörigen der Zistrosen-Familie wird auch bei dieser die Verbreitung der Samenkörner durch Brände begünstigt. Ein mediterran-orientalisches Florenelement; gedeiht in den *Garigues* ebenso wie in der Frigana und in ausgelichteten Nadelholzwäldern.

CISTUS SALVIIFOLIUS L. 51
(Cistaceae)

Große, weiße Blüten (Durchmesser 4-5 cm); graugrünliche, gegenständige, nicht klebrige und an der Unterseite haarige Blätter, die jenen des Salbeis ähneln, woher sich auch der Namen dieser Zistrose ableitet.

CYTINUS HYPOCISTIS (L.) L. 50
(Rafflesiaceae)

Eine eigenartige Schmarotzerpflanze die, da ohne Organe für die lebenswichtige Photosynthese, im Kommensalismus mit verschiedenen Zistrosenarten lebt. Kurzer, mitunter fleischiger und von ebenfalls fleischigen schuppenförmigen, am Grund gelben und oberständig roten Blättchen umfaßter Schaft. Die Blätter dienen als Hülle der jeweils aus 4 Blütenblättern gebildeten gelben oder weißen Blüten (die mittelständigen männlich, die außenständigen weiblich); die Früchte präsentieren sich in Beerenform. In der Antike wurde der Saft der Pflanze zur Kur von Magenschmerzen genutzt. Auf Kreta existieren zwei einander sehr ähnelnde und ziemlich seltene Subspezies (*Cytinus hypocistis* (L.) subsp. *clusii* Nyman, und *Cytinus hypocistis* (L.) L. subsp. *hypocistis*), die auch denselben Standort teilen, doch auf unterschiedlichen Zistrosenarten parasitieren (ersterer auf *Cistus creticus*, der andere auf *C.* parviflorus und *C.* salviifolius).

49

50

51

52

PHLOMIS FRUTICOSA L. 52 54
(Labiatae)

Der bis 1,3 M hohe Strauch ist dicht behaart, die hellgrünen Blätter sind an der Oberseite runzelig, an der Unterseite weißlich filzig; lanzettenförmige oder elliptische, gestielte, 3–9 cm lange Grundblätter, die Folgeblätter sitzend. Zwischen April und Juni bilden die jeweils zu 20-30 vereinten Blüten kleine Wirtel, mit spitzig zulaufenden und von sternförmigen Härchen bedeckten Brakteen; die zweilippige Korolle ist gelbfarben, der Blütenkelch ist mit Hakenzähnchen und sternförmigen Härchen versehen. Standort: auf kalhaltigen Böden der Garigues, vom Meeresspiegel bis Quote 1050 Meter, vornehmlich im Zentrum und im Westen der Insel.

53

54

CALICOTOME VILLOSA 53
(POIR.) LINK
(Leguminosae)

Immergrüner, und auf allen Pflanzenteilen (Äste, Blätter, Blütenkelch, Früchte) dicht behaarter Strauch. Äste mit spitzen Dornen und wechselständigen, je aus 3 kleinen, haarigen Blattsegmenten gebildeten Blättern. Während der Floreszenz zwischen März und April erscheinen die knäuelartig vereinten Blüten mit schmetterlingsartiger, gelber Korolla. Dieser Hülsenfrüchtler gedeiht vom Meeresspiegel bis zu Höhen von 1600 M in Maquis und Frigana, wo er nicht selten große Populationen bildet.

SALVIA FRUTICOSA MILL. 55
(Labiatae)

Der alte Namen dieser Pflanze, *Salvia triloba*, bezog sich auf die meist dreilappigen Blätter (der Mittellappen bedeutend größer als die seitenständigen). Das bis 1,5 M hohe, auf ganz Kreta verbreitete Strauchgewächs ist dicht von weißlichem Filz bedeckt; die mehr oder weniger auf weißfarben tendierenden rosaroten Blüten (März–Mai) sind zu mehr oder weniger dichten Wirteln vereint.

55

56

LAVANDULA STOECHAS L. SUBSP. STOECHAS 56
(Labiatae)

Der Schopflavendel ist ein aromatisches, kleines Strauchgewächs mit aufrechten, 30 bis 60 cm langen, grün-grauen Schäften und schmalen, linearen, wechselständigen und behaarten Blättchen. Oberhalb der violettfarbenen, zu kurzen, dichten endständigen Floreszenzen vereinten Blüten erscheinen die typischen, ebenfalls violettfarbenen, doch größeren schopfartigen Brakteen, die die Bestäuberinsekten anlocken.
Die Blüte dauert das ganze Frühjahr an. Der Schopflavendel gedeiht auf trockenen Lichtungen an den Küsten im Westen Kretas und bevorzugt Kieselböden. In der Antike erachtete man das Gewächs als wirksamstes Gegengift bei Pflanzenvergiftungen; heute ist es eine beliebte Zierpflanze für Steingärten.

EUPHORBIA CHARACIAS L. 57
(Euphorbiaceae)

Ein buschiges Euphorbiengewächs mit zahlreichen robusten, bis 1 M hohen Schäften. Die vornehmlich an den Schaftspitzen vereinten ledrigen Blätter sind lanzettenförmig; die Schaftbasis ist von Schuppen bedeckt. Der radförmige Blütenständer besteht aus 10–20 Strahlen (Februar–April). Die Wolfsmilchgattung kolonisiert *Garigues* und Maquis von der Ebene bis zu 1200 Meter Höhe.

57

58

59

Daphne sericea Vahl 58
(Thymelaeaceae)

Der bis 60 cm hohe Strauch ist ein dicht von feinen, seidigen Härchen (daher der Adjektiv *–sericea*, seidig) bedecktes, auf Kreta spontanwüchsiges Seidelbastgewächs, das sich zwischen März und Mai mit rosafarbenen, stark duftenden und je zu 5–15 in fast kugelrunden Floreszenzen vereinten Blüten schmückt.

Asphodelus aestivus Brot. 59
(Liliaceae)

Dieser perennierende Asphodill (auch Asphodele und Affodill genannt) hat einen zylindrischen, endständig verästelten Schaft bis 1 M Länge. Die grundständigen, stumpf dreieckig zulaufenden, leicht gekielten Blätter werden bis 2 cm lang. Die auf verästelten, kolbenförmigen Blütenständen vereinten Blüten bestehen aus weißen Kelchblättern, die in der Mitte eine purpurfarbene Linie aufweisen; die Frucht präsentiert sich als rote Kapsel. Sowohl diese als die ebenfalls auf Kreta existierende Affodill-Spezies (*A. fistulosus* L.,einjährig und mit runden Blättchen) werden von Tieren als Nahrung vermieden, weshalb sie auch große monospezifische Populationen bilden können. In der griechischen Mythologie wird die Pflanze mit dem unter der Gewalt des Hades stehenden Totenreich assoziiert, wobei stets von "Asphodill-Feldern" die Rede ist, die auch in Homers *Odyssee* in Verbindung mit den wandernden Seelen der in Troia gefallenen Helden Erwähnung finden.

Asphodeline lutea (L.) Rchb. 60
(Liliaceae)

Das perennierende Liliengewächs entwickelt auf einem bis 1 M hohen Schaft zahlreiche lange, schmale kanellierte, spitz endende Blätter. Zwischen März und Juni erscheinen die in der Achsel einer Braktee sitzenden großen duftenden, gelben, zu einer Blütentraube vereinten Blumen. Die Frucht besteht aus einer runden Kapsel. Habitat: Vom Meeresspiegel bis Quote 1500 M auf trockenen steinigen Hängen, in ausgedehnten Kolonien; besonders spektakulär ist die Population an der Straße, die zu der Ausgrabungsstätte von Kato Zakros führt. Auf der Insel gedeiht auch die Spezies *Asphodeline liburnica* (Scop.) Rchb., die sich von *A. lutea* durch den oberständig blattlosen Schaft, die längere Blütentraube und die spätere Blütezeit unterscheidet.

60

61

62

ASPARAGUS APHYLLUS L. SUBSP. ORIENTALIS (BAKER) P.H. DAVIS 63
(Liliaceae)

Stauden mit bis 2 M langen, robusten, weißen oder grauen Schäften mit helleren Längssteifen. Auf kleine Schuppen zurückgebildete Blätter; die Photosynthese erfolgt durch die Schein-Nadeln genannten Kladoden (grch. *klados*, Zweig) von unterschiedlicher Länge zu 10-30 gebündelt, die mit einem kräftigen Dorn enden. Im Oktober erscheinen die weißen Blüten, die später schwarze Beerenfrüchte bilden.

ANTHYLLIS VULNERARIA L. SUBSP. RUBRIFLORA (DC.) ARCANG. 61
(Leguminosae)

Der perennierende Wundklee hat emporstrebende, gerade, behaarte Schäfte, die unterständigen Blätter sind ganz, die Folgeblätter sind aus 7-13 ellyptischen Blättchen zusammengesetzt. Von Brakteen umfaßte Köpfchen mit purpurroten Schmetterlingsblüten, die glänzenden, von langen seidigen Härchen bedeckten Kelche an den Rändern purpurfarben (März – Juli). Den Wundklee treffen wir in den *Garigues*, auf Wiesen und auf felsigen Standorten. Der Wundklee verdankt seine spezifische Bezeichnung *vulneraria* der in der Vergangenheit medizinischen Nutzung seiner adstringierenden Eigenschaften zur Heilung von Wunden und Prellungen (heute als mildes Laxativ).

FUMANA ARABICA (L.) SPACH 62
(Cistaceae)

Kleinwüchsiger Strauch mit kriechenden oder aufrechten, max. 25 cm langen Verästelungen, gegenständigen, eilich-lanzettenförmigen, flachen oder spitzen Blättchen von grau-grüner Farbe. Die einzelnen oder in Gruppen bis 7 endständig vereinten, gelben, am Grund dunkel gefleckten Blüten erscheinen zwischen März und Mai. Gedeiht auch in der *Macchia*.

63

64

BELLARDIA TRIXAGO (L.) ALL. 64
(Scrophulariaceae)

Dieser einjährige Rachenblütler mit starren, aufrechten, bis 30 cm langen, verästelten Schäften, ist von Drüsenhärchen bedeckt, die auch auf den gegenständigen, linear-lanzettenförmigen und gezahnten Blättern sitzen. Die vierkantigen Floreszenzen sind dicht von Blüten mit weißen Korollen und gelben oder rosafarbenen Lippen übersät (März – Juni).

65

66

PARENTUCELLIA VISCOSA (L.) CARUEL IN PARL. 65
(Scrophulariaceae)

Einjährige, von klebrigen Drüsen bedeckte Halbschmarotzerpflanze; bis 40 cm hoch, aufgerichtete grüne Verästelungen mit lanzettenförmigen sitzenden Blättern und gelben, mitunter auch weißen oder purpuroten Blüten, auf bis 8 cm langen Floreszenzen vereint (März–Juni). Standort: auf schattigen Steinböden.

PARENTUCELLIA LATIFOLIA (L.) CARUEL IN PARL. 66
(Scrophulariaceae)

Diese kleinere Spezies (max. 20 cm hoch) ist ebenfalls ein Halbschmarotzer. Auf dem meist rötlichen Schaft entwickeln sich gegenständige Blätter mit gezahntem Rand; von März bis Mai erscheinen die zu kleinen Dolden vereinten purpurroten Blüten. Dieser Rachenblütler gedeiht auf steinigen Böden, doch auch auf brachliegenden Feldern und in Küstennähe.

GAGEA GRAECA (L.) A. TERRACC. 67
(Liliaceae)

Diese Zwiebelpflanze der Liliengewächse mit linearen, lanzettlichen Blättern trägt weiße Blüten mit bis 15 mm langen, mehr oder weniger markant längs braun oder purpurfarben gestreiften Perigonblättern. Sie ist vornehmlich in den *Garigues* und der Frigana im zentralen und westlichen Teil der Insel verbreitet, gedeiht aber auch auf den kalkigen Klippen und in Felsspalten an der Küste bis Quote 400 M.

NIGELLA DAMASCENA L. 68
(Ranunculaceae)

Dieses weitverbreitete, im deutschen auch als Schwarzkümmel, "Jungfer im Grünen", "Braut in Haaren" oder "Gretchen im Busch" bekannte krautige Hahnenfußgewächs ist im mediterranen Raum auch eine beliebte Gartenzierpflanze. Während der Floreszenz (April–Mai) fällt sie durch die kuriosen endständigen Blüten auf, mit zahlreichen Stamen, die zusammengewachsenen 5 Griffel ragen weit aus den den hellblauen Honigdrüsen und den himmelblauen 5 Perigonblättern heraus, unter denen fadenförmige Brakteen sitzen; unverkennbar auch die Früchte: membranartige, grüne Kapseln mit roter Äderung, die ausgereift zahlreiche harte kleine Samen auswerfen. Der Schwarzkümmel wird gerne für Trockenblumenkompositionen zum Zeitpunkt der Fruchtbildung gesammelt.

67

68

69

70

IRIS UNGUICULARIS POIR. SUBSP. _CRETENSIS_ (JANKA) A.P. DAVIS & JURY 69
(Iridaceae)

Die Blüte dieses 10-50 cm hohen Schwertliliengewächses ist spektakulär und dauert von Februar bis Mai: Der bis 20 cm lange Blütenschlauch mit duftenden, intensiv violettfarbenen Perigonblättern, wobei die geneigten äußeren (die inneren gerade) einen von einem weißen Streifen durchkreuzten Fleck von lebhaftem Orangerot vorweisen; verästelter, drüsiger Griffel. Standort: vom Meeresspiegel bis subalpinem Niveau, in *Frigana* und an felsigen Hängen.

OROBANCHE RAMOSA L. SUBSP. _MUTELII_ (F.W. SCHULTZ) COUT. 70
(Orobanchaceae)

Die aphylle (blattlose) Schmarotzerpflanze bezieht die notwendigen Kohlehydrate durch Kommensalismus, vorwiegend mit Nachtschattengewächsen und Hülsenfrüchtlern. Unterirdische, perennierende Pflanzenorgane (sichtbar ist nur die Floreszenz: eine aufrechte, verästelte, von dichten Filzdrüsen bedeckte Achse mit zahlreichen, 15-22 mm langen, hellblauen Blüten, jede von 3 Brakteen gestützt.
Die Blütezeit erstreckt sich über den ganzen Sommer.

Frigana

Die Frigana oder orientalische dornige Garigue repräsentiert eine in der Folge von Rodungen, intensiver Beweidung und Bränden stark degradierte Stufe der *macchia mediterranea* (Maquis). Im Vergleich zur eigentlichen Garigue prädominieren max. 50 cm hohe halbrunde, vorwiegend dornige und aromatische Strauch- und Staudengewächse mit dicht und wirr verästelten Zweigen, die im Sommer ihr Laub abwerfen und gegen Trockenheit und Tierfraß gefeit sind. Wie in der Garigue sind auch die einzelnen Elemente dieser Vegetationstypologie voneinander distanziert und lassen große Lichtungen aus nacktem Felsen frei.

Zistrosen in voller Blüte beleben die Frigane an der Küste.

Die Vegetationstypologie Frigana ist im gesamten östlichen Mittelmeerraum verbreitet und nimmt vor allem in Küstennähe großflächige, dürre Gebiete ein, wo sie eine Art Gürtel zwischen den Pflanzengemeinschaften der Klippen und den Buschformationen der mediterranen Mikroklimata in den Innengebieten bildet. In den Ländern und Inseln am ägäischen Meer genießt die Frigana Status als Habitat von kommunitärem Interesse. Sie ist aus folgenden Florenelementen gebildet: *Sarcopoterium spinosum, Satureja thymbra, Coridothymus capitatus, Genista acanthoclada, Euphorbia acanthothamnos, Ballota acetabulosa, Fumana arabica* und *F. thymifolia, Cistus creticus, C. parviflorus, C. salviifolius, Pistacia lentiscus, Teucrium*

brevifolium, Calicotome villosa, Salvia fructicosa, Phagnalon graecum. Auf Kreta bedeckt die Frigana ein großes Territorium; als Habitat von kommunitärem Interesse gelten die mittleren Höhenquoten (im Kontakt mit den niedriger gelegenen und den von dornigen Sträuchern besiedelten Territorien) mit charakteristischen Elementen wie *Euphorbia acanthothamnos; Berberis cretica, Hypericum empetrifolium* und *Genista acanthoclada*.

Charakteristisch für die Frigane sind die von* Euphorbia acantothamnos *gebildeten halbrunden Polster (unten, rechts und links) und die auffälligen Blüten der Orchideen (oben rechts).
Folgende Seite: Frigane-Landschaft an der Küste bei Sitìa.

Die auf der Insel präsenten verschiedenen Frigana-Typologien werden nach den jeweils prädominanten Strauchgewächsen unterschieden, wobei die respektive von *Sarcopoterium spinosum* (am häufigsten vorkommend), *Genista acanthoclada* und *Coridothymus capitatus* charakterisierten Zonen als von kommunitärem Interesse klassifiert sind. Zu den zahlreichen grasartigen und staudigen Pflanzen zählen *Cyclamen creticum, Bellardia trixago,* die Kreuzblumen-Varietäten, *Centaurea raphanina, Tragopogon sinuatus, Asphodelus aestivus, Asphodeline lutea, Gynandris sisyrinchium, Dracunculus vulgaris* und, seltener, *Aristolochia cretica* und *Onosma erectum.* Überdies sind viele Orchideenarten, vornehmlich der Gattungen *Ophrys* und *Orchis*, vertreten.

SARCOPOTERIUM SPINOSUM (L.) SPACH [71]
(Rosaceae)

Der kleine dornige Strauch (ca. 50 cm) bildet dichtes Gestrüpp und kann als typisches Element der Frigana bezeichnet werden. Die zu Sommerbeginn abfallenden, aus 9-15 Segmenten zusammengesetzten, gezahnten Blätter sind an der Unterseite behaart. Auf den länglichen Floreszenzen sind männliche (unten) und weibliche (oben) Blüten vereint. Die anfänglich roten kleinen runden Früchte färben sich mit der Reife braun.

71

72

73

SATUREJA THYMBRA L. 72 73
(Labiatae)

Ein 30 – 50 cm hoher, ausgeprägt aromatischer Halbstrauch mit holzigem Schaft und zahlreichen borstigen, weißlichen, krautigen, nahe dem Blütenstand rosafarbenen Trieben; länglich-eiförmige, spitzig zulaufende, dornige Blätter von max. 1,7 cm Länge. Zwischen März und Juni erscheinen die mehr oder weniger intensiv rosaroten Blütenwirtel auf einer länglichen Floreszenz vereint. Dieses Bohnen- oder Pfefferkraut zieht Honigbienen an und wurde in der Antike als Stimulans genutzt. Es findet als aromatisches Kraut Verwendung zum Würzen von Gerichten und Oliven.

CORIDOTHYMUS CAPITATUS (L.) REHB. F. 74
(Labiatae)

Ein kleines, stark verästeltes, aromatisches Thymiangewächs mit schmalen, zu Wirteln gebündelten Blättchen und 1 cm langen, dunkelrosaroten Blüten (Juni – August). Dieser Lippenblütler bildet dichte Populationen nicht nur in der Frigana, man findet ihn auch in küstennahen Pinienwäldern. Im Hochsommer belebt er ansonsten vegetationslose Zonen und wird fleißig von Bienen besucht: der aus diesem "Thymian" gewonnene Honig repräsentiert eines der bekanntesten und beliebtesten Produkte Kretas.

74

GENISTA ACANTHOCLADA DC. SUBSP. ACANTHOCLADA 75 77
(Leguminosae)

Dieser dornige, zu dichten Polstern verästelte Ginster mit gegenständigen Zweigen, die an der Spitze einen Stachel und die gelben Blüten tragen, ist von feinen Härchen bedeckt. Die kleinen Hülsenfrüchte enthalten ein einziges Samenkorn; die Blätter sind aus 3 lanzettlichen Segmenten gebildet. Das für die Frigana typisches Gewächs ist auf Kreta bis zu 850 M Höhe stark verbreitet.

EUPHORBIA ACANTHOTHAMNOS HELDR. & SART. EX BOISS. 76
(Euphorbiaceae)

Diese 20 – 30 cm hohe, stark verästelte Euphorbie bildet rundliche, stachelige Büsche. Zylindrische, rote, dornige Zweige (besonders die im Vorjahr entwickelten) mit lanzettlichen, rigiden Blättern. Die Blüten (Frühjahr) sind zu dreistrahligen Floreszenzen vereint und von grünen Brakteen und gelblichen ovalen warzigen Drüsen umfaßt. Die Früchte präsentieren sich als kleine grüne, membranartige Kapseln. Diese Varietät der Wolfsmilchgewächse bevorzugt kalkige Böden und ist auch in den *Garigues* und an den Felsküsten des östlichen Mittelmeerraums verbreitet.

75

76

77

78

79

BALLOTA ACETABULOSA L. (BENTH.) 78
(Labiatae)

Perennierender, dicht von seidigen Härchen bedeckter Lippenblütler, max. 50 cm hoch, mit zahlreichen, am Grund holzigen aufrechten Schäften; gegenständige, am Grund herzförmige und gezackte Blätter. Eigenartig ist der Calyx (Blütenkelch), eine membranartige trichterförmige Erweiterung, aus der kleine, purpurfarbige und weiße Blüten sprießen. Wie im Altertum, werden die Kelche auch heute noch getrocknet als Dochte für die Öllampen verwendet. Diese Zahnlosen-Art ist vor allem im Westen von Kreta verbreitet.

FUMANA THYMIFOLIA (L.)SPACH EX WEBB 79
(Cistaceae)

Kleine, bis 20 cm hohe verästelte Staude mit aufgerichteten oder hängenden Zweigen und kleinen, linearen Blätter mit einwärts gedrehtem Rand. Die März bis Mai erscheinenden gelben, mitunter am Grund rot gefleckten Blüten sind zu 3–9 auf endständigen Floreszenzen vereint. Habitat: in Wäldern und in trockenen Zonen.

TEUCRIUM BREVIFOLIUM SCHREB. 80
(Labiatae)

Bis 60 cm hoher Strauch mit struppigen, grau oder braunfarbenen haarigen Verästelungen. Unregelmäßige Blüten (März – April) ohne Oberlippe, die Unterlippe scheidet sich in 5 Lappen von himmelblauer Farbe. Diese Gamander-Spezies gedeiht auf felsigen Böden in *Garigues* und Frigana.

PHAGNALON GRAECUM BOISS. & HELDR. IN BOISS. 81
(Compositae)

Bis 50 cm hoher Korbblütler mit aufrechten, von wolligem weißem Flaum bedeckten Schäften. Die länglichen, ovalen und ondulierten Blätter mit gedrehtem Rand haben eine glatte Oberseite, während die Unterseite weiß behaart ist. Einzelständige gelbe, in dunkle membranartige (mitunter haarige, eng überlappende) Brakteen gehüllte Blütenköpfchen (April–Mai).

80

81

HYPERICUM EMPETRIFOLIUM WILLD. 82
(Guttiferae)

Der kleine Strauch aus der Familie der Johanniskrautgewächse belebt felsige Standorte, besonders zwischen April und Mai, wenn er sich mit zahllosen gelben Blüten mit langen, schmalen Blütenblättern schmückt. Auf den (kürzeren) Perigonblättchen sind mit freiem Auge dunkle warzige Drüsen auszumachen. Die glatten, linearen Blätter sind zu Dreiergruppen gewirtelt. Das Johanniskraut findet seit der Antike als Wundheilmittel Verwendung. Endemisch auf Kreta ist die Spezies *H. amblycalix* Coustur. & Gand., die im Unterschied zur vorher beschriebenen Varietät Wirtel mit 4 Blättern und Perigonblätter ohne Drüsen aufweist und auf Felsgrund gedeiht.

BERBERIS CRETICA L. 83
(Berberidaceae)

Das dem deutschen Sauerdorn ähnliche Berberitzengewächs gedeiht in Höhenlagen zwischen 900 und 2200 Meter auf dem Kalkgestein der "Weißen Berge", auf dem Dikti-Berg und auf dem Afendis Kavoussi. Die einteiligen, abfallenden Blätter sind gebündelt und tragen dreispitzige Dornen; gelbe Blüten, längliche, dunkelrote Beerenfrüchte.

ANTHYLLIS HERMANNIAE L. 84
(Leguminosae)

Bis 50 cm hoher Halbstrauch mit gekrümmten glatten Ästen, die mit einem Stachel enden; einfache Grundblätter, die Oberblätter aus drei schmalen und behaarten Blättchen zusammengesetzt. Die einzelnen, oder zu 2 –3er Gruppen vereinten, ca. 1 cm langen gelben Blüten entwickeln sich aus den Blattachseln. Vom sehr ähnlichen Ginster unterscheidet sich die Pflanze durch die Korolla mit engem, verlängertem Schlauch und den nicht zweilappigen, sondern aus 5 Zahnungen gleicher Grüße gebildeten Calyx. Gedeiht auch in den mit *Pinus brutia* bewachsenen Wäldern und an den Küsten, in Gemeinschaft mit *Juniperus phoenicea* und *Thymelaea hirsuta*.

82

83

85

86

87

Polygala monspeliaca L. 87
(Polygalaceae)

Eine Kreuzblumen-Art mit eigenartigen Blüten: Zwei der fünf Kelchblätter sind länger geformt und werden als "Flügel" bezeichnet, 2 Blütenblätter sind am Grund zu einem Schlauch verwachsen und das untere Blütenblatt (der "Kiel") ist an der Spitze ausgefranst.
Einjährig, mit ca. 25 mm langen lanzettlichen Blättchen; die aus weißlichen, hellblau oder grün geäderten Flügeln und weißen Blütenblättern gebildeten Blüten (März–April) sind zu endständigen Trauben vereint. Diese ziemlich seltene Spezies gedeiht in der Frigana zwischen 100–400 Metern.

Polygala venulosa Sm. 85
(Polygalaceae)

Diese ebenfalls seltene, doch perennierende Kreuzblume ist in der Frigana und in Buschvegetationen bis zu 1200 M Höhe verbreitet; blaue Blüten, die Blütenblätter länger als die Flügel.

Gynandriris sisyrinchium (L.) Parl. 86
(Iridaceae)

Das wunderschön blühende, in Quoten vom Meeresspiegel bis 700 M gedeihende Gewächs hat sein Habitat außer in der Frigana auch an Sand- und Felsküsten und am Rande der bestellten Felder gefunden. Zwischen März und Mai öffnen sich (stets nur für wenige Stunden) die aus 3 cm langen, blauen oder violetten Perigonblättern gebildeten Blüten mit einem weißen und einem etwas größeren orangefarbenen Fleck am Grund. Der spezifische, aus dem Griechischen (*gyne*, Weib, und *andros* Mann) abgeleitete Namen bezieht sich auf die eng an der Verästelung des Stilus sitzenden Stamen. Die weniger als 1 cm langen, abwärts gebogenen Blätter (1 oder 2) tragen eine lange Blattscheide; getrocknet rollen sie sich ein. Die fast kreisrunde Zwiebel ist in hellfarbige Fasern gehüllt.

Ranunculus asiaticus L. 88
(Ranunculaceae)

Diese schöne, perennierende krautige, ausgeprägt polymorphe Ranunkel aus der Familie der Hahnenfußgewächse wird 10-40 cm hoch und ist vollkommen von borstigen Haaren bedeckt. Die langgestielten, ringförmigen, gezahnten Grundrosettenblätter weisen 3 mehr oder weniger tief eingekerbte, breite Lappen auf; die Folgeblätter lineare Lappen. Der einfache, oder im oberen Abschnitt verästelte Stengel trägt 1 bis 4 Blüten von einem Durchmesser zwischen 2–8 cm, von meist weißer oder zart rosagetönter, nur selten rosaroter und ganz sporadisch roter Farbe (März bis Mai). Habitat: auf felsigem Grund in der Frigana, aber auch auf bebauten Feldern und an Straßenrändern.

88

89

HELICHRYSUM BARRELIERI (TEN.) GREUTER [89]
(Compositae)

Im Vergleich zu allen anderen Immortellegewächsen (Strohblumen) besitzt diese Spezies ein schwächeres Aroma, höchstens 20 mm lange, breite und lineare, oder spachtelförmige und filzige Blätter. Die schlauchförmigen gelben Blüten (April – Juni) sind zu kompakten Blütenköpfchen vereint. Gedeiht auch an sandigen Küsten.

*

Im Frühjahr blühen in der Frigana zahlreiche Orchideen. Aufgrund der eigenartigen Morphologie der Blüten senden wir der Beschreibung der einzelnen Spezies einige Bemerkungen zur Pflanzenfamilie voraus, vornehmlich der Gattungen *Orchis, Ophrys* und *Serapias.*
Orchideen sind einkeimblättrige, perennierende, meist mit einem Paar Zwiebeln oder Knollen ausgestattete Pflanzen, mit ungeteilten Blättern mit parallel verlaufender Nervatur; einem einfachen Schaft und mehr oder weniger kompakten, razemosen oder ährenförmigen Floreszenzen. Die unregelmäßigen, stets von grünen oder andersfarbigen Brakteen begleiteten Blüten bestehen aus sechs in 2 Wirteln angeordneten Perigonblättern: von den 3 äußeren präsentiert sich das mittlere meist in abweichender Form; von den 3 inneständigen ist das - Labello oder Lippe genannte - mittlere (nicht selten mehrlappig und mit einem Sporn ausgestattet) durch auffällige Farbe und ungewöhnliche Form gegenüber den kleineren seitenständigen stets prägnanter. Eine weitere Eigenheit der Orchideen sind die durch die Windung des Blütenstiels "umgedrehten" Blüten, sodaß sich die Lippe stets unterhalb, anstatt oberständig präsentiert. Stamen und Pistill sind in einer Gynäzeum genannten Struktur verwachsen, der Blütenstaub zu kleinen Massen, *pollinii,* agglomeriert; die Kapselfrucht enthält zahlreiche winzige Samenkörner, die der Symbiose mit einer Pilz-Spezies bedürfen, damit sie sich zu neuen Pflänzchen entwickeln können. Die im allgemeinen ausgesprochen polymorphen Orchideen zählen aufgrund ihrer eigenartigen, auffälligen Blüten zu den interessantesten Pflanzen überhaupt, wobei betont werden muß, daß viele davon Seltenheitswert besitzen und unter Naturschutz stehen: Die hier aufgezählten Spezies sind im Anhang II des CITES-Abkommens über die Protektion und die Regelung des Handels mit seltenen oder vom Aussterben bedrohten Pflanzen- und Tierarten angeführt.

ACERAS ANTHROPOPHORUM (L.) W.T. AITON [90]
(Orchidaceae)

Der spezifische Namen wurde von der eigenartigen Form der Lippe abgeleitet die, in zwei laterale und einen mittleren, wiederum tief eingekerbten Lappen gegliedert, einer menschlichen Figur mit langen Gliedmaßen ähnelt (grch. *anthropos*, Mensch, und *pherein* "tragen"). Oberhalb dieser rotbraunen Lippe ragt ein helmartiges, aus 5 grünlichen Segmenten gebildetes Käppchen empor. Die Blüten sitzen auf einer bis 20 m langen Rispe; die Blätter erreichen eine Länge von max. 12 cm.

ANACAMPTIS PYRAMIDALIS (L.) RICH. [91]
(Orchidaceae)

Zwischen 20-60 cm hoch; mit 4- bis 10 Blättern, die grundständigen aufrecht, die apikalen von stark reduziertem Wuchs. Die auf einer pyramidenförmigen Rispe vereinten rosaroten Blüten (April – Mai) setzen sich aus der dreilappigen Lippe, den kleinen konkaven inneren und einem langen schmalen Sporn zusammen.

*

Die Gattung *Ophrys* repräsentiert die spektakulärsten Orchideen, da die Lippe in Form, Farbe und Behaarung den Weibchen der Bestäuberinsekten gleicht und überdies Wirkstoffe ausscheidet, die den artenspezifischen Sexuallockstoffen ähneln: Die Männchen (der Bienen, Wespen, Hornissen oder Hummeln) kommen, von den Blütenlippen angezogen, in engen Kontakt mit den Pollenkörnchen, die ihnen anhaften und demnach auf andere Blüten übertragen werden. Die Floreszenzen der Gattung *Ophrys* präsentieren im allgemeinen wenige Blüten: unscheinbare Perigonblätter; ein- oder dreilappige, gewölbte oder eingebuchtete, glatte oder behaarte Lippe, deren unterschiedlich geformtes und gefärbtes , doch stets glattes Spekulum das Erkennen dieser Orchideen-Familie erleichtert.

90

91

OPHRYS IRICOLOR DESF. 92
(Orchidaceae)

Wird 15-30 cm hoch, 1–5 große Blüten sind zu einer Floreszenz vereint. Außenständige Perigonblätter (ca. 15 mm) linear, apikal stumpf oder abgerundet, mehr oder weniger onduliert und von brauner Farbe. Die dunkelbraune, dicht behaarte flache Lippe (15-22 mm) weist 3 breite, an der Basis verengte Lappen auf; mehr oder weniger intensiv metallisch blau schillerndes (und namengebendes *–iris*, Regenbogen) Spekulum. Blütezeit: März–April.

OPHRYS SPHEGODES MILL. SUBSP. CRETENSIS H. BAUMANN & KUNKELE 93
(Orchidaceae)

Eine 10 – 45 cm hohe Orchidee mit eilich-lanzettlichen, spitzigen Blättern. Zwei bis zehn Blüten (März – April) sind auf losen Floreszenzen vereint. Grüne außenständige Perigonblätter mit weißlichen oder rötlichen Schattierungen (das unterständige aufrecht oder vorgeneigt), die innenständigen 4-8 mm lang. Samtige, ringförmige Lippe von rotbrauner oder schwärzlicher Farbe; das glänzend blaue, mitunter von einem schmalen weißfarbigen Rand umgebene Spekulum erinnert mehr oder weniger ausgeprägt an den Buchstaben H und die Lippe weist manchmal ein kleines gelbes Anhängsel auf. Auf Kreta existiert eine andere endemische Unterart: die Subspecies *gortynia* H. Baumann & Kunkele unterscheidet sich von der *cretensis* durch die spätere Blütezeit und die keilförmige Basis der Lippe.

92

93 →

Ophrys holoserica (Burm. f.) Greuter subsp. *maxima* (H. Fleischm.) Greuter [94]
(Orchidaceae)

Von 20-40 cm Länge, mit 4-10 großen Blüten; außenständige dunkelrosarote, in der Mitte grün geäderte Perigonblätter; fast rechteckige, samtige Lippe von braun-rötlicher Farbe, in der Mitte gefleckt (ein breites H und davon ausgehend, zwei mehr oder weniger ausgeprägt gezeichete Anhängsel bildend), die in einem gezahnten gelben Anhängsel ausläuft. Diese Orchidee findet man bis Quote 1200 Meter, in der Frigana, in Pinienwäldern, sowie auf brachliegenden Terrassierungen.

Ophrys lutea Cav. subsp. *minor* (Tod.) O. & E. Danesch [95] [96]
(Orchidaceae)

5-40 cm hoch, die Blüten sind jeweils zu 3-8 vereint. Die 8 bis 13 mm lange, von kurzen grauen Härchen bedeckte Lippe mit violett- oder braunfarbigen Schattierungen tendiert apikal auf purpur-bräunlich oder schwärzlich. Blütezeit: Januar–April. Habitat: Garigue und Frigana, mitunter auch in Wäldern und Olivenhainen.

*

Die Blüten der Orchideengattung *Orchis* bestehen aus einer durch die Konvergenz der innen- und außenständigen Perigonblätter gebildeten helmförmigen Struktur.
Die gerade oder leicht gewölbte, ungeteilte oder dreilappige Lippe ist entweder glatt oder von kleinen Papillen bedeckt.

95

96

97

<u>*Orchis quadripunctata* Cirillo ex Ten.</u> [97]
(Orchidaceae)

Diese "viergepunktete" Orchis wird 10-30 cm hoch; der Schaft färbt sich am oberen Abschnitt nicht selten rot. Die rosaroten bis purpurfarbenen Blüten (März–Mai) sind auf einem zylinderförmigen, lockeren Blütenstand vereint: Außenstädige Perigonblätter leicht zurückgebogen; dreigelappte Lippe, in der Mitte hell gefleckt mit dunklen Pünktchen, leicht aufgebogener Mittellappen und bis 14 mm langer zylindrischer Sporn. Habitat: Erdtaschen zwischen den Felsen; Schluchten und Pinienwälder.

<u>*Orchis coriophora* L. subsp. *fragrans* (Pollini) Sudre</u> [98]
(Orchidaceae)

Schmale Grundblätter und stengelumfassende apikale Blätter zeichnen diese Orchideenart aus. Die ziemlich kleinen, doch zahlreichen (20-40) Blüten, die zwischen April und Juni erscheinen, weisen einen spitzigen Helm von rosa-purpurner oder grünlicher Farbe und eine in drei papillenbehaftete, purpurne oder braune Lippe mit dunklen Flecken am Blütengrund auf, wobei der Mittellappen länger als die seitenständigen ist.
Die Spezies variiert sowohl was den Schaft und die Farbe, als die Form der Lippe und des Sporns betrifft.

98

99

100

ORCHIS BORYI RCHB. F. 99 100
(Orchidaceae)

Diese Orchidee findet man ausschließlich auf Kreta und im Süden Griechenlands. Runde Knollen, 20-45 cm langer Schaft. Zwischen März und Mai öffnen sich die zu einer lockeren Dolde vereinten Blüten: Außenständige Perigonblätter von intensiver violetter Farbe; die halbkreisrunde, 8 x 8 mm messende Lippe mit 3 mehr oder weniger gleichgebildeten Lappen ist rosafarben und in der Mitte hell gefleckt und dunkel gepunktet; der 15 mm lange, fadenförmige Sporn kann gerade oder nach oben gebogen sein.

ORCHIS LACTEA POIR. IN LAM. 101
(Orchidaceae)

7-20 cm langer Schaft; die zwischen Februar und April erscheinenden rosaroten oder rosa-grünlichen Blüten bilden eine eiförmige Dolde. Die Lippe ist in 3 tief eingekerbte, lineare Lappen gegliedert, der mittlere kreisrund-eilich oder spachtelförmig, apikal gezahnt, von cremig weißer Farbe und purpurn gefleckt; die Seitenlappen quer abgestumpft; der Sporn überragt der Länge nach den Fruchtknoten.

ORCHIS TRIDENTATA SCOP. 103
(Orchidaceae)

Diese ziemlich seltene, wunderschöne, 25-50 cm hohe Orchidee entwickelt zwischen März und April ihre prachtvollen Blüten auf einer konusförmigen Dolde. Äußere Perigonblätter länglich spitz zulaufend, wobei die Spitzen in alle Richtungen zeigen; dreigelappte Lippe, apikal stumpf und gezahnt, Mittellappen wiederum leicht zweilappig, rosarot, in der Mitte gepunktet und am Rand dunkler gefärbt. Der Sporn ist nach unten geneigt.

ORCHIS PAUCIFLORA TEN. 102
(Orchidaceae)

15-35 cm langer Schaft. Jeweils 3-7 ziemlich große Blüten (März-April) sind auf einer lockeren Floreszenz

101

vereint. Innere und äußere Perigonblätter und der Sporn hellgelb; die leuchtend gelbe Lippe mit winzigen purpurfarbenen Flecken in der Mitte, der rundstumpfe, am Rand unregelmäßig gezahnte Mittellappen ist gewölbt oder längs gefaltet, der Sporn zylinderförmig.

102

103

104

105

<u>ORCHIS ANATOLICA BOISS. SUBSP. SITIACA RENZ.</u> 104 105
(Orchidaceae)

Auf einem lockeren Blütenstand sitzen 2-15 Blüten mit grün schattierten rosafarbenen, langwüchsigen äußeren Perigonblättern; die scharf gebogene Lippe besteht aus 3 Lappen, wobei die beiden außenständigen unter dem stumpfen Mittellappen ausgebildet sind, der im Zentrum einen hellen Flecken mit dunklen Pünktchen aufweist; 20 mm langer Sporn. *Orchis anatolica* ist in den südlichen Ägäischen Inseln verbreitet, während die hier beschriebene Subspecies *sitiaca* auf Kreta, im Zentrum und im Osten der Insel, endemisch ist.

*

Die zur Gattung *Serapias* gehörigen Pflanzen charakterisieren sich durch schmale, spitz zulaufende und meist leuchtend grüne Blätter und Brakteen von derselben Färbung wie die der Blüten. Letztere präsentieren sich helmartig, durch die Konvergenz der spitzen oder lanzettlichen äußeren Perigonblätter mit den inneren. Die breite Lippe trägt an der Basis zwei unscheinbare seitenständige Lappen, während der stark entwickelte apikale Abschnitt ein vorstehendes Anhängsel bildet. Die Identifizierung der Gattung *Serapis* wird durch die Variabilität innerhalb der einzelnen Spezies und die Präsenz von nicht wenigen Hybriden kompliziert. Der Namen leitet sich von Serapis (auch Serapas), dem ägyptischen Fruchtbarkeitsgott ab.

106

<u>SERAPIAS BERGONII E.G. CAMUS</u> 106
(Orchidaceae)

10-55 cm hoch, am Grund des Schaftes und der Blätter meist rot gefärbt. Zwischen März und Mai öffen sich die zu 3-12 auf einer Floreszenz vereinten Blüten mit grau-lilafarbenem, querständigem Helm, hellroter oder purpurfarbenen Lippe, an der Basis ocker-rosafarben und von kurzen weißen Härchen überzogen, die seitenständigen Lappen dunkelpurpurn und im Helm versteckt. Es handelt sich um eine polymorphe Spezies.

<u>SERAPIAS ORIENTALIS (GREUTER) H. BAUMANN & KUNKELE SUBSP. ORIENTALIS</u> 107
(Orchidaceae)

10-30 cm hoch; die Blüten (März-Mai) sind ziemlich dicht auf einer kurzen Granne vereint. Grau-rosaroter Helm mit grünlichen oder lilafarbenen Schattierungen; äußere Perigonblätter 20-32 mm lang und leicht gekielt. Die 28-40 mm lange, ocker-, intensiv rosa- oder purpurfarbene Lippe ist im mittleren Segment weiß behaart. Gedeiht auch in Pinienhainen und auf Wiesen.

107

Farbakzente setzen* Ebenus cretica *(oben) und* Petromarula pinnata *(unten) an felsigen Standorten.

FELSIGE STANDORTE: FELSWÄNDE, GERÖLL, FELSBÖDEN

Für die Pflanzen stellen Felshänge ein schwieriges Habitat dar: aufgrund der starken Winde, der dünnen Erdschichten, des Geländegefälles, sowie der starken Tages- und Nachttemperaturschwankungen müssen sie sich der Dürre anpassen und mit wenig Raum und Nährstoffen begnügen. Unter solchen Bedingungen kann nur eine Pflanzenkategorie existieren, die die Fähigkeit entwickelt hat, die Wurzeln auch in Felsspalten zu verhaften - die sogenannten Lithophyten, wovon sich einige ausschließlich auf vertikal abfallende Felswände spezialisiert haben, während andere auch auf weniger abschüssigen Hängen gedeihen. Das karge Ambiente verhindert eine dichte Population der (zu einem Großteil perennierenden und kleinwüchsigen) Lithophyten, die nicht selten kleine und, aufgrund der mangelnder Kompetition mit anderen Florenelementen und durch die Unzugänglichkeit der Standorte (die menschliche Eingriffe und die Beweidung ausschließt) über die Zeit auch stabile "Polster" bilden.

Einige der für Steilwände typischen Gewächse zeichnen sich durch ihre besondere Schönheit aus: zu den auffälligsten zählen zweifelsohne *Petromarula pinnata,* mit langen, dicht bestückten, himmelblauen bis violettfarbenen Blütenrispen und das strauchwüchsige *Ebenus cretica* mit üppigen Floreszenzen von rosaroter Farbe. Beide sind auf Kreta endemisch und vielenorts verbreitet. Charakteristisch ist auch der dicht von weißen Härchen (die eine Reduktion der Transpiration erlauben) überzogene Korbblütler *Inula candida.* Ebenfalls auf den Felswänden treffen wir das gelb blühende *Linum arboreum*, *Aethionema saxatile,* dessen Blüten zu rundlichen Floreszenzen vereint sind, sowie verschiedene Angehörige der Glockenblumen-Familie.

Das für den Botaniker besonders reizvolle felsige Ambiente findet man sowohl auf Meeresspiegelniveau als auf den höchsten Berggipfel der Insel. Es ist als Habitat von komunitärem Interesse klassifiziert, vornehmlich die Felswände mit Populationen von *Petromarula pinnata, Ebenus cretica, Inula candida* und einigen Glockenblumenarten.

Auf Kreta hat man reichlich Gelegenheit, diese "Felsenblumen" zu bewundern, vor allem in den *Gorges.*

PETROMARULA PINNATA (L.) A. DC. 108
(Campanulaceae)

Während eines Aufenthalts im Frühjahr fehlt diese wunderschöne Spezies aus der Glockenblumen-Familie nie, den Naturfreund mit ihren bis einen Meter hohen Blütenständern zu bezaubern, auf welchen die zahlreichen, mehr oder weniger intensiv himmelblauen oder violetten Blüten mit schmalen Kronblättern und roten Antheren sitzen. Die Grundblätter sind tief eingekerbt. Diese Blume ist auf Kreta endemisch und gedeiht auf kalkigen Hängen und in altem Gemäuer.

EBENUS CRETICA L. 109
(Leguminosae)

Dieser durch seine das ganze Frühjahr andauernde Blütenpracht besonders dekorative strauchwüchsige Hülsenfrüchtler repräsentiert einen Endemismus asiatischen Ursprungs und die verbreitetste endemische Spezies auf Kreta, die ausgedehnte Populationen bildet. Habitat: Felshänge, Schluchten, Garigues, zuweilen auch an Straßenrändern. Rosafarbene, zu apikalen Floreszenzen mit silbriggrauen Haaren vereinte Blüten; die silberfarbigen Blätter bestehen aus 3-5 elliptischen Segmenten. Die oft dichten Besiedelungen repräsentieren ein Habitat von kommunitärem Interesse.

108

109

110

111

112

INULA CANDIDA (L.) CASS. [110]
(Compositae)

Dieser Alant ist auf den Schäften, Blättern und der Blütenhülle dicht weißlich behaart; eilich-lanzettenförmige, ganzrandige Blätter mit hervortretender Nervatur. Die gelben Blüten (Mai-Juni) sind zu Köpfchen vereint.

CAMPANULA PELVIFORMIS LAM. [111]
(Campanulaceae)

Diese auf Kreta endemische Glockenblumenart gedeiht im Osten der Insel auf kalkigen Hügelhängen, in Waldungen und an Straßenböschungen. Eiförmige, gestielte, behaarte Blätter mit gezahntem Rand; haariger Schaft mit sitzenden Blättern. Zwischen April und Mai öffnen sich die bis 3 cm langen blau-violetten, breiten, in der Mitte gebauchten Glockenblüten. Die Kelchblätter sind dreimal so lang wie der Fruchtknoten; der Stempel ist in drei Abschnitte gegliedert.

CAMPANULA TUBULOSA LAM. [112]
(Campanulaceae)

Auch diese Glockenblume ist auf Kreta endemisch, doch vorwiegend im mittleren-westlichen Inselgebiet verbreitet. Behaarter Schaft mit gestielten, eiförmig-länglichen Blättern. Der Namen *tubulosa* rührt von der mit einer langen Röhre versehenen Korolla; die Kelchlappen sind doppelt so lang wie der Fruchtknoten. Habitat: in Felsspalten in schattigen Lagen.

AETHIONEMA SAXATILE (L.) R. BR. IN W. T. AITON SUBSP. *CRETICUM* (BOISS. & HELDR.) [113]
(Cruciferae)

Der kleine, max. 30 cm hohe Kreuzblütler mit aufrechten oder hängenden Stielen und eilich-länglichen Blättern trägt weiße, rosarote oder purpurfarbene Blüten, die zu fast kreisrunden Blütenständern vereint sind und bringt ei- oder kreisförmige Fruchtschötchen hervor. Die Pflanze ist auf der ganzen Insel verbreitet, hat jedoch ihren idealen Standort in hohen Gebirgslagen gefunden, wo sie ihre Wurzeln in den Felsspalten verankert.

113

114

ONOSMA ERECTUM SM. SUBSP. ERECTUM 114
(Boraginaceae)

Diese bis 25 cm hohe Pflanze aus der Familie der Borretschgewächse zeichnet sich durch schmale, lanzettliche, behaarte Blätter aus; die Blüten (April-Mai) mit verwachsenen, bis 24 mm langen Kelchblättchen sind von leuchtend gelber Farbe. Gedeiht auf Felswänden, doch auch in anderen Hanggebieten in den Zypressenwäldern im Westen Kretas bis zu Höhen von 1800 Metern.

LINUM ARBOREUM L. 115
(Linaceae)

Ein Leingewächs mit holzigen Schäften, die von einer Grundrosette mit spachtelförmigen, dicken und resistenten Blättern mit verhärtetem Rand ausgehen. Zwischen März und Mai öffnen sich die gelben Blüten (Durchmesser 2-3 cm). Habitat: An Felswänden und auf vorzugsweise kalkigen felsigen Böden.

SCORZONERA CRETICA WILLD. 116
(Compositae)

Die bis 30 cm langen Blätter dieser Schwarzwurzel sind linear geformt und von Härchen überzogen (die Grundblätter besonders lang und ausgeprägt). Die Blüten (März – Mai) sind gelb gefärbt und zu Köpfchen (Durchmesser bis 5 cm) vereint. Die Pflanze ist durch die typische, behaarte und von einem langen Pappus überragte Schließfrucht (Achäne) leicht

115

116

erkennbar und hinsichtlich Blattgröße und Behaarung ausgesprochen variabel. Die kretische Schwarzwurzel gedeiht an Felswänden (besonders schöne Exemplare sind oberhalb der Schlucht von Kourtaliotiko zu bewundern), in der Frigana, und sogar auf sandigem Grund in Küstennähe.

<u>*SCUTELLARIA SIEBERI*</u> BENTH. IN DC. 117
(Labiatae)

Der Namen dieses Lippenblütlers, Schildkraut, wurde von der auf dem Blütenkelch evidenzierbaren schildförmigen Protuberanz abgeleitet [lat. *scutum* "lederbezogener Langschild"]. Filzig behaarter, bis 60 cm langer Schaft, mit zahlreichen Grundverästelungen; eiförmige, gekerbte, 4 oder (seltener) 5 cm lange Blätter. Die zwischen April und Juni erscheinenden, zu endständigen Grannen vereinten Blüten haben weißliche Korollen, mit rosaroten Äderungen an der oberen Lippe. Auf Kreta endemisch; gedeiht in Quoten vom Meeresspiegel bis zu 950 Metern an kalkigen Felshängen und auf Geröll. Vor allem trifft man dieses Schildkraut im "Todestal", an den felsigen Wänden der Schlucht in der Nähe von Kato Zakros.

*

Am Fusse der Felswände lagern sich durch Steinschlag meist Geröll- und Schuttmassen ab, die eine inkohärente Schicht bilden. In diesem Ambiente haben nur wenige Pflanzen Überlebenschancen, darunter *Ricotia cretica,* ein Kreuzblütler mit dünnen Stengeln und violetten Blüten, sowie die samtblättrige *Scutellaria hirta* –beide auf Kreta endemisch. Oberhalb der 1400 M-Grenze kann man im Gebirge hingegen mehr oder weniger ausgedehnte "Polster" der *Aubrieta deltoidea* ausmachen, eine Pflanze, die ihre Bekanntheit der Beliebtheit als Zierpflanze für Steingärten verdankt. Entlang der Straße zwischen Gournià und Tourloti begegnet man beispielsweise einer großen Geröllmasse, auf der charakteristische Florenelemente gedeihen, deren Habitat kommunitäres Interesse bekleidet.

117

Ricotia cretica Boiss. & Heldr. in Boiss. 118
(Cruciferae)

Dieses zarte, kleine Pflänzchen hat seinen Lebensraum zwischen Steinen, Geröllmassen und auf Kalkfelsen gefunden: Der dünne Stengel trägt zweifiedrige Blätter mit gezahnten Lappen; die Blüten (März-Mai) sind aus 4 hellblauen oder violetten, 10-20 mm langen Kronblättern gebildet. Die Frucht ist ein bis 5 cm langes Schötchen. Dieser der Gattung Ricotia zugehörige Endemismus ist asiatischer Provenienz: nach Kreta gelangte die Pflanze in jenem geologischen Abschnitt, während dessen durch die bestehende Landverbindung zwischen Kreta, Türkei und Griechenland asiatische und balkanische Florenelemente migrieren konnten.

118

119

Aubrieta deltoidea (L.) DC. 119
(Cruciferae)

Perennierender, bis 20 cm hoher Kreuzblütler mit zahlreichen samtigen Schäften und wechselständigen, ei- oder spachtelförmigen (jedenfalls ausgeprägt polymorphen) Blättern. Zwischen März und Mai öffnen sich die Blüten, mit bis 8 mm langen Kelchblättern und violettfarbenen, bis 28 mm langen violetten Kronblättern; kleines Fruchtschötchen mit sternförmiger Behaarung. Bildet "Polster" in Felsspalten und auf Schutthalden oberhalb der 1100 Meter-Grenze in den «Weißen Bergen», ist im Frühjahr auch oft unmittelbar am Eingang der Schlucht von Samaria anzutreffen.

120

Scutellaria hirta Sm. 120
(Labiatae)

Kleiner Lippenblütler, mit bis 1-2 cm langen, samtigen, dunkelgrünen und purpurgeröteten Blättern und winzigen, auf einer länglichen Rispe vereinten zweilippigen Blüten (Mai bis August). Auch dieses Schildkrautgewächs ist auf Kreta endemisch und gedeiht in fast allen Gebirgszonen zwischen 800 und 2400 Metern, auf Steingeröll und in den Felsspalten.

<u>*Onosma graecum* Boiss.</u> 121
(Boraginaceae)

Das bis 30 cm hohe Borretschgewächs mit geraden Härchen präsentiert sich mit linearen Blättern; die Korolla der gelben, oberständig auf rotfarben tendierenden Blüten ist bis 15 mm lang und ebenfalls behaart. Habitat: Felsige oder kalkige Substrate oder Felsgeröll, vom Meeresspiegel bis Quote 850 M.

121

<u>*Campanula spatulata* Sm. subsp. *filicaulis* (Halàcsy) Phitos</u> 122
(Campanulaceae)

Diese auf Kreta ebenfalls endemische Glockenblume ist im östlichen Teil der Insel verbreitet, wo sie auf Splitthalden, in der Frigana und in felsigen Gebieten zwischen 150 und 1600 M lockere, und während der Blüte farbenprächtige Polster bildet. Die dünnen Halme werden bis 50 cm lang; der Fruchtknoten weist apikal kleine Öffnungen auf, die den Auswurf der reifen Samen gewährleisten.

122

*

Eine ausgeprägte Anthropisierung und die unebene Beschaffenheit der kretischen Landschaft tragen zur Bildung weitläufiger felsiger Oberflächen bei, die von – Lithophyten genannten - Pflanzen besiedelt werden, die man aufgrund ihrer speziellen Evolution auf allen felsigen Substraten vom Meeresspiegel bis in den höchsten Quoten vorfinden kann. Ihre Präsenz belebt den ansonsten nackten Felsgrund mit verschiedenen krautigen oder strauchwüchsigen Pflanzen, darunter den violett blühenden "Frauenspiegel" (eine Glockenblumenart), *Centaurea raphanina* subsp. *raphanina* (mit rosafarbenen Blüten, zu runden Köpfchen vereint), *Cichorium spinosum*, dessen blau-violetten Blüten aus einem Gewirr von Stacheln hervorleuchten, die aromatische, strauchwüchsige *Ruta chalepensis*, das gelb blühende *Phlomis lanata*, *Osyris alba* mit aufrechten Ästchen, und zahlreiche andere.

<u>*CENTAUREA RAPHANINA* SM. SUBSP. *RAPHANINA*</u> 123
(Compositae)

Diese auf Kreta endemische Flockenblume aus der Familie der Korbblütler weist eine Grundrosette aus einteiligen oder, häufiger, gefiedert-lyraförmigen Blättern auf. Die haarige Oberfläche der Blätter fühlt sich rauh an. Die rosafarbenen, in fast kreisrunde Köpfchen gebündelten Blüten sind sitzend oder kurzgestielt, die am Grund verengte Blütenhülle erreicht einen Durchmesser von 2 cm; die Brakteen enden mit einem 2-9 mm langen Dorn. Die auf Kreta endemische Subspezies *raphanina* wächst zwischen dem Meeresspiegel bis 2300 M Höhe in Felsspalten, in der Frigana und verankert sich auch in altem Gemäuer.

123

<u>*RUTA CHALEPENSIS* L. SUBSP. *CHALEPENSIS* E *RUTA CHALEPENSIS* L. SUBSP. *FUMARIIFOLIA* (BOISS. & HELDR.) NYMAN</u> 124
(Rutaceae)

124

Das erstgenannte staudige, 50-70 cm hohe Rautengewächs charakterisiert sich durch den artenspezifischen starken Geruch und die auf den gefiederten, 2-10 cm langen Blättern präsenten glänzenden Öldrüsen. Blüten mit 4 oder 5 gelben, 1 cm langen, gefransten Kelchblättern (Floreszenz April–Mai). Das in allen Pflanzteilen enthaltene flüchtige Öl (*oleum rutae)* wurde im Altertum als Würze, sowie als Heilmittel für Hysterie, Amenorrhö, Schwindelgefühle und rheumatische Schmerzen verwendet. Die Pflanze gedeiht in felsigen Zonen und ist in den *Gorges* häufig anzutreffen. Die Subspezies *fumariifolia* unterscheidet sich durch kleinere Dimensionen und die in lineare Abschnitte gegliederten Blätter.

125

<u>*PHLOMIS LANATA* WILLD.</u> 125
(Labiatae)

Der auf Kreta endemische Lippenblütler wird bis 50 cm hoch. Längliche oder breit elliptische, 1,5–2,8 cm lange, ledrige, beidseitig von Sternhärchen bedeckte, am Rand eingekerbte Grundblätter mit einem Stiel von 1 cm Länge; an den Blütenstielen halbsitzende, halbrunde Blättchen. Je 2 bis 10 Blüten sind zu Wirteln mit kleinen, haarigen Brakteen vereint; gelbe, 20-23 mm lange Korolle. Im Unterschied zu *Phlomis fruticosa* ist *Ph. lanata* vorwiegend im mittleren und östlichen Teil der Insel verbreitet. Standort: In den Betten der Schluchten, in der Frigana, in den Lichtungen von Zypressenwäldern und an Berghängen. Da sich die *Phlomis*-Spezies untereinander kreuzen können, ist es einigermaßen schwierig, die Hybriden auseinanderzuhalten.

126

127

128

OSYRIS ALBA L. 126
(Santalaceae)

Dieser diözische Halbparassit, dessen kantige Zweige an den Ginster erinnern, ist ein Kommensale von Sträuchern und Bäumen. Kleine lanzettenförmige Blätter mit nur einer Nervatur, die im Sommer fast zur Gänze abfallen; unansehnliche kleine, wohlduftende gelbe Blüten. Aus den kleinen roten Steinfrüchten wurde in der Antike ein kosmetisches Reinigungsmittel gewonnen. Habitat: In felsigen Gebieten und entlang der Bäche, die die Schluchten durchfließen.

CICHORIUM SPINOSUM L. 127
(Compositae)

Eine perennierende, bis 20 cm hohe und vom Grund aus verästelte Wegwarte. Die oberen Äste sind dornig; die elliptischen Blätter fleischig, Grundblätter tief eingekerbt oder gelappt. Die hellblauen, apikalen oder achselständigen Blütenköpfchen mit unterständigen ovalen Brakteen können sich vereinzelt oder zu 2-4 gruppiert präsentieren (Juni – Oktober). Habitat: auf steinigen Böden, in der Frigana und in Felsspalten an der Küste.

ARISTOLOCHIA CRETICA LAM. 128
(Aristolochiaceae)

Das auf Kreta endemische Osterluzeigewächs ist vornehmlich im Osten der Insel verbreitet, wo es auf kalkigem Felsgrund, aber auch in der Frigana, in Waldungen und am

129

130

Fuß von Trockenmauern gedeiht. Die bis 60 cm langen Schäfte dieser Kletterpflanze tragen rundliche, herzförmig eingebuchtete, 5 cm breite Blätter mit gewelltem Rand; die unregelmäßigen, eigenartigen braunen, am Grund grünlich getönten Blüten bestehen aus einer langen, U-förmig gebogenen und innen von langen weißen Haaren bedeckten Röhre.

Muscari spreitzenhoferi (Heldr. ex Osterm.) Vierh. [129]
(Liliaceae)

5-15 cm hoher Schaft mit 3-5 linearen, bis 20 cm langen und 8-12 mm breiten Grundblättern (die außenständigen sind etwas breiter). Die Blüten sind auf einer lockeren Traubendolde vereint: die (zahlreicheren) fruchtbaren Blüten befinden sich am unteren Abschnitt der Floreszenz und gleichen kleinen Krügen von brauner und am Grund weißer Farbe an geraden Stielen; die sterilen Blüten sind hingegen hellblau mit braunen Streifen und bilden an der Doldenspitze einen Schopf. Das auf Kreta endemische Liliengewächs gedeiht in felsigen Zonen (Steinspalten, in der Frigana) aber auch an sandigen Küsten.

Legousia speculum-veneris (L.) Chaix [130]
(Campanulaceae)

Der Gemeine Frauenspiegel ist eine einjährige, behaarte Pflanze aus der Familie der Glockenblumen, mit geradem und verästeltem Schaft, und wechselständigen, leicht bereiften Blättern. Im Mai öffnen sich die violetten oder purpurfarbenen, mitunter blauschillernden Blüten, mit sternartig geöffneten Blütenblättern. Die Frucht ist eine 10-15 m lange Kapsel. Der Frauenspiegel wächst auf felsigen Böden und Schutt.

Origanum onites L. [131]
(Labiatae)

Das bis 60 cm hohe sehr aromatische, aufrechte Staudengewächs ist leicht behaart, die ovalen oder rundlichen,
am Ansatz mitunter herzförmig eingebuchteten, leicht gezahnten Blättchen, die oberständigen sitzend. 4-5 mm lange weiße Blüten mit einlippigem Kelch, zu dichten Floreszenzen vereint. Die getrockneten Blätter dieser Dost-Art (Wohlgemuth) werden als Würze für verschiedenste Speisen verwendet.

131

FEUCHTGEBIETE

Kreta nennt zwei Seen eigen, beide im Distrikt von Hanià: den natürlichen von Kournas und den künstlichen von Agia, doch nur wenige beständig wasserführende Flüsse und Bäche, da zahlreiche Wildbäche sommersüber austrocknen. Dazu stellen sich einige Sümpfe, meist an dem Flußmündungen. An Wildbächen und auf kieseligen Substraten haben sich Populationen von Oleander und *Vitex agnus-castus*, sowie tunnelbildende Platanenwäldchen entwickelt. An den Rändern der Seen und Sümpfe wachsen krautige Gewächse wie das violett blühende *Lythrum junceum* und *Oenanthe pimpinelloides*, eine Umbellifere mit weißen Blüten.

Oben ein Wäldchen mit orientalischen Platanen; unten: an den Ufern des Stausees von Agia präsentiert sich das* Lythrum junceum *in voller Blüte.

PLATANUS ORIENTALIS L. 132 133
(Platanaceae)

Die orientalische Platane erreicht eine Höhe bis zu 30 Metern. Die Rinde der älteren Bäume löst sich in breiten Schuppen ab. Gefingert-gelappte Blätter mit 5-7 Einkerbungen; die Blüten sind dicht zu runden, hängenden Floreszenzen vereint. Gedeiht in feuchten Gebieten an den Wildbächen, die durch die *Gorges* fließen und bildet alleenartige Tunnel, oder kleine Wäldchen, vom Meeresspiegel bis 1200 Meter Höhe, oft in Gemeinschaft mit Oleander und *V. agnus-castus*, mit *Cyclamen creticum* und *Dracunculus vulgaris* im Unterholz: Waldungen mit den genannten Florenelementen repräsentieren ein Habitat von kommunitärem Interesse. Diese Platane findet man nicht selten auch in den Dörfern, wo ihre breite Krone im Sommer willkommenen Schatten spendet. Nach der kretischen Mythologie hatte Zeus die Europa geraubt und sich mit ihr im Schatten einer Platane vermählt, die danach nie wieder im Winter ihr Laub abwarf: dabei soll es sich um die riesige Platane gehandelt haben, die sich in der Messara-Ebene in der Nähe des römischen Theaters in Gortina befindet.

NERIUM OLEANDER L. 134
(Apocynaceae)

Der Oleander ist ein höchst giftiger Strauch – der Genuß von Pflanzteilen kann tödlich sein - aus der Familie der Hundsgiftgewächse, der wegen seiner wunderschönen rosa Blüten (Durchmesser 3-5 cm), die sich den ganzen Sommer über öffnen, und aufgrund seiner Resistenz gegenüber Dürre und auch starkem Zurückschneiden, sowie seiner Anspruchslosigkeit als Zierpflanze beliebt ist, sodaß zahlreiche Neuzüchtungen kreiert wurden. Die immergrünen, linear-lanzettlichen Blätter mit prononcierter mittlerer Nervatur sind zu Dreiergruppen in Wirtel geordnet. Die sogenannte Balgfrucht enthält zahlreiche Samen, die sich ausgereift mit einem Haarschöpfchen präsentieren. Entlang von Flüssen und kleinen Wasserläufen findet man den Oleander, häufig in Assoziation mit *V. agnus-castus,* in ausgedehnten und sehr dekorativen Populationen, die unter den erhaltenswerten Standorten von kommunitären Interesse listen.

132

133

134

<u>*VITEX AGNUS-CASTUS* L.</u> 135
(Verbenaceae)

Der Namen der Gattung *Vitex* rührt vom lateinischen *viere*, flechten, her und in der Tat dienten die robusten, biegsamen Zweige dieser Pflanze einstmals auch zum Fesseln der Sklaven. Der Legende nach band Ulysses mit den Zweigen dieser Spezies seine Gefährten unter den Bäuchen der Schafe fest, damit sie aus der Grotte des Polyphemus fliehen konnten. «Castus» bezieht sich hingegen auf die Keuschheit (lat. *castus*): Hera, die Schutzgöttin der Heirat, war unter dieser Strauchart geboren worden und Frauen, die während der Festlichkeiten zu Ehren der Göttin Demeter öffentlich das Gelöbnis der Keuschheit ablegen wollten, legten sich auf eine aus den Zweigen der Pflanze geflochtene Matte. In der Folge wurde der Strauch in der Nähe der Klöster angepflanzt, da man glaubte, er besäße Wirkung als Anaphrodisiakum (den Geschlechtstrieb dämpfend) – tatsächlich ist erwiesen, daß Blüten und Früchte effektvoll als Beruhigungsmittel verwendet werden können. Zweige und Früchte strömen einen aromatischen, pfeffrigen Geruch aus, weshalb das Gewächs in einigen Mittelmeerländern auch als "falscher Pfeffer" bezeichnet wird. Der Strauch gedeiht in Gemeinschaft mit Oleander an unbeständigen Wasserläufen, oft in den Schluchten, wo er mit seinen gefingert gegliederten Blättern und vor allem mit seinen weißen bis violettfarbenen, auffälligen Achselblüten besonders dekorativ wirkt.

135

<u>*LYTHRUM JUNCEUM* BANKS & SOL. IN RUSSELL</u> 136
(Lythraceae)

Perrennierendes, bis 70 cm hohes krautiges Gewächs mit vierkantigen, am Grund rötlich gefärbten Schäften, länglich-linearen Blättern, am Grund gegenständig und der Spitze zu wechselständig angeordnet. Die Blüten (März-Mai) sind purpurfarben und am Grund weiß gefleckt. Auf Kreta entlang von Wasserläufen und in Feuchtgebieten stark verbreitet.

<u>*OENANTHE PIMPINELLOIDES* L.</u> 137
(Umbelliferae)

Perennierendes Doldengewächs mit einem gerillten, bis 1 M hohen Schaft von 3 mm Durchmesser und ovalen Wurzelknollen. Doppelfiedrige Grundblätter, die Folgeblätter gefiedert, mit einteiligen linearen Lappen; Pelorie mit weißen, apikal schirmartig in 6-15 "Strahlen" gegliederte Blüten (März – Mai). Habitat: im zentralen westlichen Teil Kretas.

136

137

GORGES

Die *Gorges* genannten Schluchten repräsentieren das vermutlich charakteristischeste natürliche Ambiente Kretas und aus botanischer Sicht das zweifelsohne interessanteste. Diese *Gorges* entstanden vor etwa 14 Millionen Jahren, als die Bewegungen der Erdkruste Gebirgsspaltungen auslösten. In der Folge haben Niederschläge ständig zur Vertiefung der Felsrisse beigetragen. Die zahlreichen Schluchten Kretas sind fast zur Gänze auf einer Nord-Südachse ausgerichtet. Der bekannteste, und als einer der tiefsten Europas erachtete *Gorge* ist die Samaria-Schlucht im Bezirk von Hanià, die dem 1962 gegründeten Nationalpark angegliedert wurde. Man kann sie über insgesamt 18 km durchqueren, von Quote 1200 in der Lokalität Xyloscalo auf der Hochebene von Omalòs ausgehend, bis auf Meeresspiegelniveau mit Blick auf das Lybische Meer, im Süden der Insel. Die Schluchten bieten zahlreichen Tierarten Unterschlupf, darunter seien die kretische Wildziege, die dem Steinbock ähnelt, der Dachs, das kretische Wiesel, Salamander, der Adler und und der Aasgeier erwähnt. Weitere und zumindest teilweise begehbare berühmte Schluchten sind jene von Imbros (stets im Distrikt Hanià), von Kourtaliotiko (Rétimno) und das «Todestal» in der Nähe von Kato Zakros (Lassithi) im östlichsten Zipfel der Insel. Diese *Gorges* repräsentieren ein heterogenes Ambiente mit stark voneinander abweichenden Kolonisierungsmustern: Die Skansion von schattigen oder sonnigen Abgründen, Steilhängen, Wasserläufen, Frigana oder Garigue-Typologien und Waldungen bildet ein komplexes Mosaik. Mit den kalkigen Felshängen und dem Hochgebirge der restlichen Inselgebiete gemeinsam findet man hier ein natürliches Milieu vor, das die stärk-

Die Gorges genannten Schluchten charakterisieren sich durch schroffe Felsen und feuchte Zonen. Oben der Zugang zur Schlucht von Samaria; unten, rechts und links: die beeindruckende Kourtaliotiko-Schlucht.

ste Konzentration an Endemismen zu bieten hat, vornehmlich an Lithophyten (Chasmophyten), die sich, von Menschen und Tieren Dank der isolierten Lage und Unwegsamkeit geschützt, differenzieren und bewahren konnten. Da die *Gorges* vornehmlich von Felshängen geprägt sind, handelt es sich bei den Florenelementen großteils um Lithophyten, die vereinzelt bereits in den vorigen Kapiteln beschrieben wurden. In diesem Habitat gedeihen Pflanzen wie *Ebenus cretica, Petromarula pinnata, Scorzonera cretica, Campanula tubulosa, C. pelviformis, Scutellaria sieberi* und die gelb blühenden *Linum arboreum* und *Onosma erectum.* Wo die Felsen etwas weniger steil abfallen und sich eine adäquate Schicht mit Erdreich ansammeln konnte, kann man die typischen Florenelemente der Garigue, der Frigana und des Maquis betrachten: *Anthyllis hermanniae, Euphorbia acanthothamnos, Ballota acetabulosa, lentiscus* sowie verschiedene Spezies von Zistrosen und *Phlomis.* In den Schluchten trocknen die Wasserläufe im Sommer meist aus und entlang ihrer Betten trifft man auf schöne Exemplare des *Platanus orientalis* (der manchmal sogar Wälder bildet), sowie auf die lange blühenden Oleander und *Vitex agnus-castus.* Entlang der Schluchtsohlen gedeihen *Osyris alba, Phlomis lanata* und *Ruta chalepensis.* Beim Durchqueren der *Gorges* kommt das Auge stets auf seine Rechnung: man wird immer wieder durch die Präsenz von Pflanzen überrascht, die wir in einem ganz anderen Ambiente vermuten würden. Vor allem in der Schlucht von Samaria verblüfft der kontinuierliche Wechsel der Vegetationsformen, vom Ausgangspunkt im Gebirge bis zur letzten Etappe, die am Lybischen Meer endet: Anfänglich findet man

Das sogenannte «Tal der Toten», ein Gorge im Osten von Kreta, kann in seiner ganzen Länge durchquert werden.

Die berühmtesten Schluchten auf Kreta sind jene von Samaria (oben links), das «Tal der Toten» (oben rechts) und der Gorge von Kourtaliotiko (unten links).

sich inmitten majestätischer Pinien und Zypressen von besonderer Schönheit, dazwischen leuchten die "Pölsterchen" von *Aubrieta deltoidea* und *Aethionema saxatile* und die auffällige Blütenpracht des *Linum arboreum* hervor. Dann wechselt die Szene auf die typische Frigana über, eine Skansion von Bergbächen, mit *Ebenus* und *Petromarula* bewachsenen Felswänden, Platanenhainen und Oleander- und *vitex agnus-castus*-Gebüsch. In Agia Roumeli am Meer endet die Tour an einem für Kreta seltenen Kieselstrand, der sich durch das Anschwemmen rundlichen Gesteins gebildet hat, wo sich nur wenige Spezies durchsetzen konnten, die eine lose Pflanzengemeinschaft bilden, innerhalb deren keine Dominanzen festzustellen sind, darunter das genügsame *Cakile marittima, Matthiola tricuspidata* und *Crithmum maritimum.* Viele der in der Schlucht von Samaria präsenten Biozenösen – u.a. die Felswände, die Bergbäche, die Oleander- und *Vitex agnus-castus*-Formationen, die Platanenwäldchen und der Kieselstrand – sind von kommunitärem Interesse.

ANTHROPOGENE ZONEN

Kreta wurde bereits sehr früh, um 6000-5000 v. Ch., von den Menschen besiedelt, sodaß sich zahlreiche Pflanzen deren wiederholten Eingriffen in die Natur anpassen mußten: großteils einjährige grasige und krautige Gewächse mit kurzem Vegetationszyklus, die man entlang der Straßen, an archäologischen Stätten, auf Brachland und auf den Feldern antrifft, und als Ruderalpflanzen bezeichnet.
So können wir in altem Mauerwerk, in den Ruinen von Schlössern und im Umfeld der Ausgrabungsstätten Pflanzen beobachten, die (wie *Petromarula pinnata*) normalerweise auf den Felswänden, oder auf felsigem Untergrund (*Centaurea raphanina* subsp. *raphanina, Matthiola tricuspidata, Malcomia flexuosa, Bryonia cretica*) gedeihen.
Nicht selten werden die Ränder der

Oben rechts: Blühende Wiesengladiolen säumen eine Straße;
unten: dieser Olivenhain wird von üppiger Blütenpracht belebt.

Gelber Mohn als Farbfleck in der Landschaft

Straßen von farbenprächtigen natürlichen Bordüren gesäumt: verschiedene *Echium*-Arten, *Chrysanthemum coronarium, Gladiolus italicus,* die durch ihre auffälligen gelben Blüten hervorstechenden *Ferula communis* und *Glaucium* flavum; dornenbewehrte Korbblütler wie *Galactites tomentosa, Notobasis syriaca, Silybum marianum* und *Echinops spinosissimus,* vereinzelt auch das rosarot (seltener rot) blühende *Ranunculus asiaticus* und die ebenfalls rosarote Windenart *Convolvulus althaeoides.* Selbstredend gedeihen viele dieser für das anthropogene Ambiente angeführten Pflanzarten auch in naturbelassenen Lebensräumen wie Garigues, Küsten- und Felslandschaften.

ECHIUM ITALICUM L. SUBSP. BIEBERSTEINII (LACAITA) GREUTER & BURDET 138

(Boraginaceae)

Diese geradwüchsige Spezies wird bis 1 M hoch und ist von Borsten und stacheligen Härchen bedeckt und bildet im ersten Vegetationsjahr breite Grundrosetten mit lanzettlichen oder elliptischen, mehr oder weniger sitzenden Blättern. Die zahreichen, rosaroten oder gelblich gefärbten Blüten mit langen Stamen sind zu pyramidenförmig auslaufenden, symmetrischen Floreszenzen vereint (April–Juli). Habitat: Felsböden, Brachland, Straßenränder.

ECHIUM PLANTAGINEUM L. 139

(Boraginaceae)

Annuelle, von schwärzlichen, rauhen, drüsigen Härchen überzogene Pflanze mit wegerichartigen, lanzettlichen oder eiförmigen Blättern; die Grundblätter größer als die endständigen. Bis 3,5 cm lange, blau-violette Blüten (April-Mai), auf verästelten länglichen Floreszenzen vereint. Dieses Borretschgewächs ist in allen Agrarlandschaften Südeuropas in mitunter sehr großen Populationen verbreitet. Blütezeit: Februar-Juli. Aus den Wurzeln wird ein rote Färbertinktur gewonnen.

138

139

Echium angustifolium Mill. subsp. *angustifolium* 140
(Boraginaceae)

Dieser perenierende, bis 80 cm hohe Natternkopf ist meist bereits am Grund verästelt und charakterisiert sich durch die starke, doch für die einzelnen Pflanzteile variable Behaarung, wobei sich dichte kurzhaarige Segmente mit lockerwüchsigen, an der Basis geröhrten Borsten abwechseln. Lineare Blätter; 15-25 mm lange, rote, mehr oder weniger auf violett- oder weißlichfarben tendierende Blüten. Gedeiht in anthropogenen Zonen, auch in Meeresnähe

Chrysanthemum coronarium L. 141
(Compositae)

Korbblütler mit zahlreichen aufrechten, verästelten Schäften, sitzenden oder halbstengelumfassenden, zweifiedrigen Blättern. Zwischen März und Mai öffnen sich die zu Köpfchen mit einem Durchmesser bis zu 6 cm vereinten Blüten. Auf Kreta sind beide der existierenden Varietäten präsent: *Chrysanthemum coronarium* L. var. *coronarium* mit gezüngelten gelben Blüten und *Chrysanthemum coronarium* L. var. *discolor* d'Urv., mit gezüngelten Blüten, am Grund gelb und distal weiß gefärbt. Standort: Offene Gebiete, an Straßenrändern, Sandküsten, wo die mitunter dichten, ausgedehnten Populationen charakteristische Farbakzente setzen. Bis zum letzten Jahrhundert sammelte man die jungen Triebe für den Küchengebrauch. In der Antike sah man in dieser Pflanze ein wirkkräftiges Schutzmittel gegen Hexerei und schwarze Magie, was auch die zahlreichen Abbildungen in den Heiligtümern erklären würde.

Glaucium flavum Crantz 142
(Papaveraceae)

An steinigen und sandigen Küsten, aber auch an den Rändern der Straßen trifft man häufig auf diese, auch "Dünenmohn" genannte, gelbe Mohnblume mit bis 1 M langen, verästelten Stielen und zahlreichen Blüten von leuchtend gelber Farbe, die nicht selten einen Durchmesser von 9 cm erreichen.

140

141

Nach der langen, von März bis Mai dauernden Blütezeit, reifen die dünnen, bis 30 cm langen Fruchtkapseln. Die hellgrünen oder blaugrünlichen, gefiederten Blätter sind am Grund stengelumfassend, die unterständigen länger als die Folgeblätter. Der Dünenmohn wurde in der Antike als Abführmittel verwendet.

Galactites tomentosa Moench 143
(Compositae)

Der einjährige oder perennierende Korbblütler ist auf dem bis 50 cm langen, einfachen oder oberständig verästelten Schaft sowie auf der Blattunterseite von weißem Filz überzogen (die Oberseite ist glatt). Die schmalen, aus dreieckigen Abschnitten zusammensetzten, lanzettlichen Blätter laufen in einen gelben, stechende Dorn aus. Die kleinen, mit einer aus grünen Schuppen gebildeten Hülle geschützten Blütenköpfchen präsentieren sich zwischen Februar und Mai mit strahlenförmigen, rosarot-purpurnen Blüten.

142

143

raubte, um es den Menschen zu bringen, dieses im Strunk des Steckenkrauts versteckt hatte.

***Gladiolus italicus* Mill.** 145
(Iridaceae)

Diese Zwiebelpflanze der Gattung der Schwertliliengewächse (Syn: Siegwurz) wurde, wie andere artenähnliche, von den alten Griechen *Hyakinthos* genannt: der Legende zufolge hatte das Blut des von Apoll unabsichtlich getöteten Jünglings Hyazynt auf der unteren Lippe der Blume eine A- oder V-förmige Spur hinterlassen (anderen Quellen zufolge war die Pflanze dem vorgriechischen Gott Hyakinthos geweiht). Perennierend, bis 80 cm langer grüner Schaft mit linearen, langen Blättern; bis zu 10 intensiv rosarote, im Kelchinneren hellere und dunkel gefleckte Blüten bilden einseitige, lockere Dolden. Die auf Kreta stark verbreitete Pflanze bildet nicht selten ausgedehnte Populationen von besonders reizvoller Schönheit.

145

Ferula communis* L. subsp. *communis 144
(Umbelliferae)

Das perennierende Steckenkraut ist eine Pflanze, die man nicht übersehen kann: während der Blütezeit präsentiert sie sich mit einer stolzen Länge von 3 Metern, die verästelte Floreszenz trägt Schirmchen aus gelben Blüten und die Blätter sind mehrmals in lineare Segmente unterteilt. Das im Schaft enthaltene Mark verbrennt nur sehr langsam, ohne daß das Feuer nach außen entweicht: aus dieser Charakteristik wurde die Legende geboren, nach der der Titanensohn Prometheus, als er gegen den Willen des Zeus das Feuer

144

NOTOBASIS SYRIACA (L.) CASS. IN CUZIER 146
(Compositae)

Einjährige, 30 – 150 cm hohe glatte oder weißlich behaarte Pflanze mit aufrechtem, kanelliertem Schaft. Die großen, an der Oberseite meist glatten und an der Unterseite spinnwebenartig geäderten Blätter sind am Rand mehr oder weniger tief gelappt und die Zähnung läuft in Dornen aus, wobei die endständigen linearen Blätter mit tiefen, linear verlaufenden stacheligen Einkerbungen eine charakteristische violette Färbung mit silbriger Äderung aufweisen. Zwischen April und Juni öffnen sich die intensiv purpurrot gefärbten, zu Köpfchen mit einem Durchmesser von 3-5 cm vereinten Blüten, über welche die Endblätter hinausragen.

SILYBUM MARIANUM (L.) GAERTN. 147
(Compositae)

Bei der ein- mitunter auch zweijährigen Mariendistel handelt es sich um einen Korbblütler, der bis 2,5 Meter hoch wird. Einfacher, doch meist verästelter, kanellierter Schaft mit grünen, weiß gefleckten, großen Blättern. Die 6-10 cm breiten, zu rosafarbenen Köfchen vereinten Blüten erscheinen zwischen April und Mai. Der Legende zufolge rühren die weißen Flecken auf den Blättern von der Milch der Gottesmutter, als sie das Jesuskind während der Flucht vor den Verfolgern des Herodes stillte. Alle Komponenten der Mariendistel sind genießbar: genutzt werden die Schäfte (vor der Blütezeit), die jungen Blätter, die Blütenköpfe sowie die Wurzeln.

ECHINOPS SPINOSISSIMUS TURRA 148
(Compositae)

Die bis 1,5 M hohe Kugeldistel ist (wie der Namen *spinosissimus* aussagt), mit besondes zahlreichen robusten Stacheln ausgestattet. Der aufrechte Schaft präsentiert sich von spinnwebenartigen Drüsenhaaren überzogen; die zweigefiedert gegliederten Blätter sind an der Unterseite dicht weißlich behaart. Von anderen Distelgewächsen unterscheidet sich dieses durch die nur eine Blüte tragenden Köpfchen, deren Gesamtheit eine kugelrunde himmelblaue Floreszenz mit stacheligen Brakteen bildet.

146

147

148

149

150

151

152

ANCHUSA HYBRIDA TEN. 149
(Boraginaceae)

Diese ein- oder zweijährige, 20-50 cm lange, dicht behaarte Ochsenzunge ist oft mit starren Borsten und aufrechten, vom Grund aus verästelten Schäften ausgestattet. Lanzettliche Blätter mit gewelltem Rand; die Grundblätter liegen am Boden auf. Im April öffnen sich die purpur- und violettfarbeen, von eiförmigen, farblich zwischen weiß und rosarot variierenden Schuppen gestützten Blüten, zu länglichen, lockeren Floreszenzen vereint. Habitat: In Weingärten und anthropisierten Gebieten.

CYNOGLOSSUM CRETICUM MILL. 150
(Boraginaceae)

Das bis 30 cm hohe Borretschgewächs trägt längliche, lanzettliche, dicht behaarte Blätter; die purpurfarbenen Blütenknospen (März bis Juni) präsentieren sich geöffnet bläulicher getönt und mit dunklen Äderungen, auf kurzen Floreszenzen, deren Form dem aufgerichteten Schwanz des Skorpions ähnelt. Die im südöstlichen Mittelmeerraum stark verbreitete Spezies gedeiht auf Brachland und in Olivenhainen.

TRAGOPOGON SINUATUS AVÉ-LALL 151
(Compositae)

Als "Bocksbart" bezeichnete Theophrast (um 370 – um 287 v. Ch.) in seiner bis ins Mittelalter wirkenden «Pflanzengeschichte» diesen bis 50 cm, mitunter aber auch doppelt so hohen Korbblütler, vermutlich aufgrund der eigenartigen Form der eckigen, länglichen reifen Frucht. Die rosaroten oder purpurfarbenen Blüten, zu großen Köpfen auf jeweils 8 verlängerten Brakteen vereint, erscheinen zwischen März und April; die Blätter sind linear und spitz zulaufend. Die zylinderförmige genießbare Pfahlwurzel ist wegen ihres süßen Geschmacks sehr beliebt, weshalb der "Bocksbart" auch angebaut wird.

STACHYS CRETICA L. SUBSP. CRETICA 152
(Labiatae)

Der kretische Ziest ist ein Lippenblütler mit aufrechtem, dicht weiß behaartem Schaft und länglichen oder ovalen, am Ansatz abgerundeten, graufarbenen Blättern mit gut sichtbarer Behaarung. Zwischen April und Mai erscheinen die die rosaroten oder purpurnen Blüten, zu meist ziemlich distanzierten Wirteln vereint. Habitat: felsige Böden, Straßenränder, aber auch an Sandstränden.

153

Lupinus albus L. subsp. albus 153
(Leguminosae)

Die weiße Lupine wurde bereits seit 2000 v. Ch. in Ägypten kultiviert und verbreitete sich in der Folge bei den Griechen und den Römern. Bei letzteren waren die gekochten Samen so beliebt, daß ihr Genuß festlichen Anlässen vorbehalten wurde. Auch heute ißt man sie gerne in den Mittelmeerländern – sie enthalten viel Eiweiß und Mineralsalze; geröstet bietet sie einen Kaffee-Ersatz. Dieser behaarte Schmetterlingsblütler wird bis 1 M hoch und trägt zusammengesetzte Blätter. Die weißen, mitunter am oberen Rand hellblau gesprenkelten Blüten sind auf Dolden vereint; die langen Hülsenfrüchte enthalten helle, etwas flache Samen. Auf Kreta zählt man weitere 3 Lupinen-Arten, die sich durch ihre blauen, mehr oder weniger intensiv weißlich gefleckten Blüten auszeichnen.

Anemone coronaria L. 154
(Ranunculaceae)

Das gemeine Windröschen ist eine bis 30 cm hohe perennierende Blumenpflanze mit reizvollen Blüten; die Grundblätter sind lang gestielt und dreiteilig, die Folgeblätter ähnlich, doch mit kürzerem Blattstiel. Die Blüten sind variabel gefärbt: rosarot, rot, blau, himmelblau oder violett, oft am Grund der Kronblätter weiß gefleckt und erreichen Durchmesser bis 8 cm. Blütezeit: Janua –April. Habitat: In bestellten Feldern und auf Brachland. Da sie gerne als Gartenzierpflanze genutzt wird, hat man verschiedene Züchtungen mit einfachen oder doppelten Blüten entwickelt. Dioscorides empfahl, gegen starke Kopfschmerzen den aus den Wurzeln gewonnenen Saft als Nasentropfen anzuwenden.

Dracunculus vulgaris Schott 155
(Araceae)

Dieses eigenartige Aronstabgewächs (Angehöriges einer Familie der Kolbenblütler mit Aasgeruch während der Floreszenz, dessen Namen vom lat. *dracus*, "Drache" abgeleitet wurde) wird bis 1 M hoch. Die weiß geäderten, gelappten Blätter sitzen an langen Stielen, die den Blütenstand mitsamt den Grundbrakteen umfassen, welche eine Zeichnung ausweisen, die einer Schlangenhaut gleicht. Die kleinen, eingeschlechtlichen Blüten sind um eine (*Spadix* genannte) purpurfarbene Achse angeordnet, die über die gesamte Länge von dem ebenfalls purpurnen ("Spatha" genannten), breiten, membranartigen tütenförmigen Hochblatt mit leicht gewelltem Rand umhüllt wird. Während der Blüte (April – Mai) strömt das *Dracunculus* einen aasartigen ekeligen Geruch aus.Die Früchte präsentieren sich als strahlend rote Beeren. Diese Charakteristiken und die auffälligen Blüten haben seit altersher großes Interesse erregt und verschiedene, auf Kreta ans Licht gebrachte Sarkophage aus der minoischen Kulturepoche sind mit stilisierten Darstellungen der Pflanze bemalt.

154

156

Rhagadiolus stellatus (L.) Gaertn. 156
(*Compositae*)

Annueller Korbblütler mit aufrechten oder geneigten, von borstigen Haaren bedeckten Ästen. Die der Mitte zu verbreiterten länglichen Blätter sind gezahnt, die oberständigen oval oder lanzettenförmig. Langgestielte gelbe Blütenköpfchen mit wenigen Blüten auf lockeren Kolben, die von 5-8 linearen, dünnen Brakteen umfaßt sind. Floreszenz: März – Juni. Die langen, spitzigen einsamigen Schließfrüchte sind von verdickten Brakteen mit leicht gebogenen Enden umhüllt und bilden einen Stern mit 7-8 Spitzen.

157

Convolvulus althaeoides L. 157
(*Convolvulacee*)

Ein perennierendes, dicht behaartes Windengewächs mit langen, biegsamen kletternden Schäften, die sich am Boden kriechend verästeln. Die Grundblätter sind rund einlappig, die Folgeblätter mehrlappig. Zwischen März und Juni erscheinen die auffällig rosafarbenen, in der Mitte intensiver getönten Blüten mit trichterförmiger Korolla (Durchmesser 3-4 cm), die sich nach Sonnenuntergang schließen. Ist häufig in Gemäuer, auf felsigen Substraten, auf Brachland und als Ackerunkraut in Küstennähe anzutreffen.

*

Unter der Bezeichnung «nitrophile Ruderalpflanzen» werden jene Florenelemente erfaßt, die auf stickstoffreichen Böden gedeihen, z. B. verschiedene Nesselgewächse, *Bryonia cretica* und ähnliche Schuttpflanzen.

158

Ecballium elaterium L. A. Rich. in Bory 158
(*Cucurbitaceae*)

Die Spritzgurke (Syn. Eselsgurke) mit kriechenden Schäften und dreieckigen, an der Oberseite gerunzelten Blättern, trägt gelbe, aus der Blattachsel entwickelte Blüten. Die Eigenart der Spezies besteht darin, daß die ausgereifte Gurke bei der leisesten Berührung ihre vielen kleinen Samen in

159

beachtliche Entfernung verspritzt. Die von Bienen gern aufgesuchte Pflanze ist giftig, wurde jedoch in der Antike vielseitig für medizinische Zwecke verwendet.

Urtica pilulifera L. 159
(Urticaceae)

Annuelles, bis 1 M hohes Nesselgewächs mit 2-6 cm langen, langgestielten Blättern. Die separierten männlichen und weiblichen Blüten sind jeweils zu länglichen oder rundlichen Florescenzen vereint (März–April). Diese Nessel ist nicht häufig anzutreffen und gedeiht im Umfeld von Siedlungen und an Weidezäunen.

Bryonia cretica L. subsp. *cretica* 160
(Cucurbitaceae)

Auch diese Kletterpflanze ist getrenntgeschlechtig. Bis 4 M lange, rauhe Schäfte mit seidigen, gefingert-gelappten Blättern, an den Nervaturen weiß gefleckt. Die diözischen kleinen, weißlichen Blüten weisen eine trichterartige Korolla auf; die Beerenfrüchte sind von roter Farbe und entwickeln vor der Reife weiße Flecken. Alle Teile dieser Pflanze sind giftig.

160

GLOSSAR

Abundanz: (Biol.) Durchschnittliche Zahl tierischer oder pflanzlicher Individuen, auf eine bestimmte Flächen- bzw. Raumeinheit bezogen
Achäne: Schließfrucht der Korbblütler, die nur einen Samen trägt
Achlamydeisch: ohne Blütenhülle
Achse: Stengel, Schaft, Halm, Stamm, Wurzelstock
Achselständig: in der Blattachse stehend
Äderung: Durchsetzung mit Adern; das Geädertsein
Adventivpflanzen: Pflanzen eines Gebiets, die dorthin erst durch den Menschen eingeführt bzw. verschleppt wurden
Angiospermen: bedecktsamige Blütenpflanzen., - Pfl. mit Fruchtknoten (Behälter der Samenanlagen), [grch. *aggeion* Gefäß + *Sperma* Samen] : Gegens: Gymnospermen
Anaphrodisiakum: den Geschlechtstrieb hemmendes Mittel [nach *Aphrodite,* der griechischen Göttin der Liebe]
Annuelle: einjährige Pflanze (Ggs: perennierend)
Anthere: Staubbeutel [grch. *antheros* "blühend"]
Anthropisch: anthropogen
Anthropisierung: Die Gesamtheit aller vom Menschen verursachten Eingriffe und Veränderungen in einem Territorium, um diesen den eigenen Interessen und Ansprüchen anzupassen
Anthropogen: vom Menschen geschaffen, von ihm beeinflußt
Aphyllie: Blattlosigkeit
Aphyllisch: blattlos
Apikal: den Apex betreffend; an der Spitze gelegen
Apocynaceae: Hundsgiftgewächse (z.B. Oleander)
apokarp: aus mehreren, jeweils aus einem Fruchtblatt gebildeten Stempeln bestehend
Apokarpium: aus einzelnen Früchten zusammengesetzter Fruchtstand
Ausfallneigend: auf die Samen bezogen
Autochthon: bodenständig, eingeboren, alteingesessen [-Auto... + grch. *chthon* "Erde"; Ggs: *allochthon*]

Balgfrucht: (Syn. Balgkapsel) Trockenfrucht, die längs einer Naht aufspringt (z. B. Oleander, Rittersporn)
Biotop: Lebensraum von Tieren und Pflanzen, die ähnliche Umweltbedingungen verlangen
Biotropie: Empfindlichkeit des Organismus gegenüber Wetterschwankungen
Biotyp: reinerbige Nachkommenschaft
Biozönose: Lebensgemeinschaft verschiedener Arten von Lebewesen, die ähnliche Lebensbedingungen verlangen
Blatt: flaches, durch Blattgrün gefärbtes Organ höherer Pflanzen, das in variabler Form aus Blattspreite, Blattstiel und Blattscheide besteht.
Blattader: Blattnerv, -Rippe
Blattscheide: scheidenförmig um einen Schaft (Stengel) gelegtes Blatt (z.B. bei Gräsern)
Blattspreite: Fläche des Pflanzenblatts ohne Blattstiel u. Blattscheide (Syn: Lamina)
Blattstiel: Teil des Pflanzenblatts, der die Blattspreite mit der Sproßachse verbindet
Blüte: Fortpflanzungsorgan höherer Pflanzen; Zeit des Blühens
Blütenkelch: äußerer, oft verwachsener Teil einer doppelten Blütenhülle
Blütenpflanzen: Syn. Samenpflanzen; Hauptabteilung des Pflanzenreichs, die am höchsten entwickelten Pflanzen. Von den blütenlosen Sporenpflanzen sind sie darin verschieden, daß ihre Fortpflanzungsorgane in Blüten einschlossen sind. Sie bilden Frucht und Samen.
Blütenstand: (Syn. Floreszenz) der Blüten tragende, blattlose Teil des Pflanzensprosses. Die Mehrzahl der Pflanzen bringt mehrere Blüten hervor, die zusammen den Blütenstand bilden. Je nach Anordnung der Stengel (Achsen) unterscheidet man mehrere B.-Formen.
Blütenstaub: mikroskopisch kleine Körner aus den Staubbeuteln der Blütenpflanzen, aus denen die männlichen Geschlechtszellen hervorgehen. Syn: Pollen
Borretschgewächse: *Boraginaceae;* Rauhblattgewächse
Braktee: Deckblatt der Blüten

Calyx: Blütenkelch
CITES: Ein von mehr als 100 Weltstaaten unterzeichnetes Abkommen zur Regelung des Handels mit seltenen oder bedrohten Pflanzen- und Tierarten
Convolvulaceae: Windengewächse
Corolla: = Korolla
Culmus: (Gras-) Halm
Cupula: Fruchtbecher

Dikotomisch: zweiteilig
Diözisch: Sy. getrenntgeschlechtig, zweihäusig (Ggs: monözisch-einhäusig)
Distal: Vom Mittelpunkt bzw. von der Mittellinie entfernt (Ggs: proximal)

Einkeimblättrig: mit nur einem Keimblatt versehen; -e Pflanze: Angehörige einer Klasse der Bedecktsamer mit krautigen, baumartigen und strauchartigen Individuen, zuweilen auch mit ausgesprochenem Baumwuchs. Syn: Monokotyledone
endemisch: einheimisch. Bot: nur auf eng umgrenzten Gebieten (z.B. Inseln) vorkommend (Ggs: ekdemisch)
Endemismus: begrenztes Vorkommen von Tieren und Pflanzen in einem bestimmten Gebiet
Endokarp: Innere Schichte der Fruchtwand
Endophyt: in anderen Pflanzen oder Tieren schmarotzende Pflanze
Endosperm: Nährgewebe von Pflanzensamen
Ephemer: nur einen Tag (oder jedenfalls sehr kurz) dauernd
Epiphyten: Pflanzen, die nicht im Boden wurzeln, sondern auf anderen Pflanzen, meist Bäumen, oft mit Hilfe besonderer Haftwurzeln festgewachsen sind (Syn. Aufsitzerpflanzen, Überpflanzen)
Erstlingsblatt: das vom Grund aus erste Blatt einer Pflanze (auch Jugendblatt, Primärblatt)
Euphorbien: Wolfsmilchgwächse

Flora: Pflanzenreich; systematische Beschreibung dieser; Buch zum Bestimmen der Pflanzen.
Florenelement: Gesamtheit der für ein bestimmtes Gebiet typischen, oder darauf beschränkten Pflanzenarten
Floreszenz: (1) Blütezeit (2) Blütenstand
Folgeblatt: Das auf das Primärblatt folgende Blatt
Frigana: Degradierte Typologie der immergrünen *macchia mediterranea* (Maquis), prädominant aus niedrigem Gebüsch aus oft dornigen Pflanzen [grch: *phrygana* = "Brennholz"]
Frucht: das nach der Befruchtung aus dem Fruchtknoten der bedecktsamigen Pflanzen gebildete Organ, das den (oder die) Samen bis zur Reife umschließt und dann ihrer Verbreitung dient
Fruchtansatz: erstes sichtbares Zeichen einer sich bildenden Frucht
Fruchtbecher: becherförmige Achsenwucherungen, die die Früchte der *Cupuliferae* (z.B. Eiche, Rotbuche, Edelkastanie) umgeben. Syn: *Cupula*
Fruchtblatt: die Samenanlage tragendes weibliches Geschlechtsorgan der Blüte. Syn: Karpell
Fruchtkapsel: die harte Schale mancher Früchte
Fruchtstand: Vereinigung von Früchten, die aus einem Blütenstand hervorgehen

Gariga: (auch *Garriga,* vom franz. *garigue* "steiniges Territorium" mit Macchia-Vegetation); mediterrane Vegetationsform, die sich aus der markanten Degradierung der Macchia entwickelt; vornehmlich mit den genügsamsten Spezies, wie Xerophyten, Lithophyten, Heliophyten
Gattung: lat. *Genus.* In der Botanik eine Gruppe, zu der mehrere nächstverwandte Arten von Pflanzen zusammengefaßt werden
gegabelt: mit zwei Y-förmigen Ausläufern versehen
gekielt: ähnlich einem Schiffskiel verlaufende Blattform
Geobotanik: Syn: Pflanzengeographie, Phytogeographie; Lehre von der Verteilung der Pflanzen auf der Erde
Geomorpholoie: Zweig der physischen Geographie, die sich mit den Oberflächenformen der Erde und ihrer Entstehung befaßt
Geophyten: Staudenpflanzen mit unterirdischen [Überwinterungs-] Organen wie Zwiebeln, Knollen, Rhizomen
Glazialflora: Pflanzenwelt der Eiszeit
Gorge: Schlucht, Kluft; Spalte im Gestein, Abgrund; meist von einem Wasserlauf durchquert, der im Sommer austrocknet. Die *Gorges* sind typische geologische Formationen des balkanischen Raums
Gramineen: Süßgräserfamilie (*Graminaceae)*
Gymnospermen: Nacktsamer; Bei freien Fruchtblättern sitzen die Samenanlagen (Samenknospen) frei auf dem Fruchtblatt. Man nennt solche Pflanzen (z.B. die Nadelhölzer) Nacktsamige.
Gynäzeum: weibliches Geschlechtsorgan der Blüte, Gesamtheit der Fruchtblätter [grch. *gyne* , Gen. *gynaikos* "Weib"]

Habitat: Lebensraum; alle klimatischen und Umweltfaktoren, die das Leben und die Entwicklung der einzelnen Tier- und Pflanzengattungen ermöglichen
Habitat von kommunitärem Interesse: H., das in den EU-Richtlinien 43/92 erfaßt wurde (Um-

weltschutz, Verbesserung der Bedingungen, usw. auf EU-Ebene)
Habitus: Wuchsform, äußere Erscheinung; Gesamtheit aller für eine Spezies charakteristischen, äußerlich erkenbaren Merkmale
Hahnenfußgewächse: (lat. *Ranuncolaceae)* mit zahlreichen Gattungen (über 400 weltverbreitete Arten) mit mehr oder weniger giftigen Kräutern und Blumenpflanzen (z.B. Ranunkeln)
Halophyt: Pflanze, die auf salzhaltigem Boden gedeiht; Syn: Salzpflanzen
Heliophyten: Lichtpflanzen, Sonnenpflanzen
Hülsenfrüchtler: Leguminosen
hydrophil: 1- wasserliebend 2- wasseraufnehmend, wasseranziehend
Hydrophyt: Wasserpflanze
hygrophil: feuchte Standorte liebend
Hygrophyt: Feuchte Standorte liebende Pflanzen (Ggs: Xerophyt)
Hypokotyl: die Keimachse unterhalb der Keimblätter der Blütenpflanzen
Hysterophyt: Schmarotzerpflanze

Internodium: Verdicktes Zwischenglied eines Sprosses

Karpell: Fruchtblatt
Kermesschildlaus: Pflanzenschädling; die schildförmigen Weibchen sind flügellos; lebt in Südeuropa und im Orient auf der Kermeseiche; wurde im Altertum zur Gewinnung eines Rotfärbemittels (Karmoisin) herangezogen
Kladoden: Schein-Nadeln (grch. *klados* "Zweig"), z.B. bei Spargel
Kolben: Ährenartiger, doch dickachsiger Blütenstand
Kolonisierung: (Bot.) Besiedelung eines Territoriums
Kommensalismus: Zusammenleben zweier Organismen, bei dem sich der eine vom Nahrungsüberschuß des anderen ernährt, ohne dem Wirt zu schaden: siehe auch Parasitismus [lat. *mensa* "Tisch"]
Kompositen: Korbblütler
Korbblütler: Pflanzen, deren Blüten zu Körbchen vereint sind. Der Kelch bildet meist eine Haarkrone (Pappus). Die Blumenkrone ist röhrenförmig (Röhrenblüten) oder zungenförmig (Zungenblüten). Je nach der Stellung auf dem Boden (der Scheibe) des Körbchens oder am Rand unterscheidet man Scheiben- und Randblüten
Korolla: = Corolla 1) Gesamtheit der Kronblätter einer Blüte 2) Blütenblätter einer Blüte
Kotyledone: Keimblatt (Syn. Samenlappen); frühestes Blattgebilde am Pflanzenkeim, in Einzahl bei den Einkeimblättrigen, in Zweizahl bei den Zweikeimblättrigen, in größerer Zahl bei den Nadelhölzern
Kreuzblütler: (Kruziferen, Brassicazeen), große Pflanzenfamilie von Kräutern und Halbsträuchern mit je vier kreuzweise stehenden Kelch- und Blütenblättern. Die Früchte sind Schoten mit Scheidewand
Kruziferen: Kreuzblütler
Kutikule: dünne Zellhaut

Labiaten: Lippenblütler; Pflanzenfamilie (Kräuter, Sträucher) mit vierkantigem Stengel und lippenförmigen Blüten (Ober- u. Unterlippe, 2 ungleich lange Staubfädenpaare, vierteilige Fruchtknoten). Enthalten meist flüchtige Öle, sind daher würzig.
Lamina: Blattspreite – das eigentliche Blatt, im Unterschied zu Blattstiel und Blattscheide
Lateral: seitenständig
Latex: milchiger Pflanzensaft
Leguminosen: Hülsenfrüchtler; Ordnung der zweikeimblättrigen Pflanzen mit meist fiedrig zusammengesetzten Blättern und in Hülsen eingeschlossenen Früchten
Ligula: Blatthäutchen [mlat. *ligula,* Zünglein, Zipfel]; Anhängsel an der Übergangsstelle von Blattscheide und. Blattspreite der Gräser
Liliazeen: Liliengewächse; einkeimblättrige Zwiebelpflanzen mit großen Blüten (Gattungen: Lilien, Tulpen, Hyazinthe, Zwiebel, Kaiserkrone)
linear: geradlinig, linienförmig
Lippenblütler: siehe Labiaten
Lithophyt – Pflanze, die auf felsigen Flächen gedeiht [grch. *lithos* Stein + *phyt*]

Maquis: Macchia; Buschwald der Mittelmeerländer
Macchia mediterranea: siehe Maquis
minoisch -e Kultur: kretische Kultur [nach dem sagenhaften König *Minos* von Knossos auf der Insel Kreta]
Monokotyledone: einkeimblättrige Pflanzen, Angehörige einer Klasse der Bedecktsamer mit krautigen, baumartigen und strauchigen Individuen; zuweilen auch mit ausgesprochenem Baumwuchs
monospezifisch: auf nur eine Spezies bezogen
Monözie: Einhäusigkeit [zu grch. monos "allein" + oikos "Haus"
monözisch: einhäusig; auch triözisch
naturalisiert: Verbreitung und Akklimatisierung einer ursprünglich in anderen Gebieten endemischen Pflanzenart
Nervatur: Gesamtheit der Nerven im Blatt
Nitrophil: Pflanzen, die stickstoffreiche Böden bevorzugen

olfaktorisch: den Olfaktorius (Richnerv; zu lat. *olfacere* "riechen") betreffend, von ihm ausgehend
Ökotypus: an einem bestimmten Standort heimische und diesem angepaßte Gruppe von Organismen

Paläolithikum: Altsteinzeit
Panazee: Allheilmittel; Wundermittel [lat. *panacea* "Allheilkraut"-grch. *panakeia* "Allheilerin", zu grch. *pan* "ganz, jeder" + *akos* "Heilmittel"
Papaverazee: Mohngewächse
papillar: warzenförmig
Papillonaceae: Schmetterlingsblütler
Photosynthese: Ausnutzung von Licht durch die grüne Pflanze für die Umwandlung von Kohlendioxid in Kohlenhydrate
parasitieren: schmarotzen
Parasit: Schmarotzer, Kommensale
Pedologie: Bodenkunde
Pelorie: strahlige Ausbildung einer Blüte, die in der Regel zweiseitig-symmetrisch ist [grch. *pelos* "Mißgestalt"]
Perennierend: mehrjährig blühende, überwinternde Pflanzen [lat. *perennis* "ausdauernd"]
Perianth, Perianthium: Blütenhülle der höheren Pflanzen; blattartige Bildung zum Schutz der Fortpflanzungsorgane der Bedecktsamer [zu grch. *peri* "ringsum" + *anthos* "Blume"]
Periderm: sekundäres Abschlußgewebe, das die beim Dickenwachstum der pflanzlichen Sprosse zersprengte Epidermis ersetzt
Perigon, Perigonium: Nicht in Kelch und Krone gegliederte Blütenhülle bei höheren Pflanzen (*peri...* + grch. *gony* "Knoten)
Perikarp: Fruchtwand; aus mehreren Schic hten bestehende Wand einer Frucht [grch. *peri* "um ... herum" + *karpos* "Frucht"]
Pappus – den fehlenden Kelch vieler Korbblütler ersetzender Kranz aus Haaren, der an der Frucht verbleibt u. ihrer Verbreitung dient; *Sy* Federkrone [grch. *pappos* "Großvater"]
pedoklimatisch: auf das Klima und die Bodenbeschaffenheit bezogen
Perianth: / -ium; Syn: Blütenhülle. 1) Hülle der Bedecktsamer, die die männl. u. weibl. Teile der Blüte schützt. 2) blattartige Bildung zum Schutz der Fortpflanzungsorgane bei Moosen [grch. *peri...* (rings)um + *anthos,* Blume]
Perikarp – aus mehreren Schichten bestehende Wand einer Frucht; Syn. Fruchtwand
...phyt: (in Zus.) Pflanze [grch. *phyton* "Pflanze"].
Phytogeografische Zone: Eine nach der dort verbreiteten Pflanzenpopulation bestimmte Zone
Pistill: Stempel der Blüte der bedecktsamigen Pflanzen
Plantaginaceae: Wegerichgewächse
Pollen: Blütenstaub
Polychrom: vielfarbig
Polygam: ein- und zweigeschlechtliche Blüten tragend
Polykarp, polykarpisch: in einem bestimmten Zeitraum mehrmals Früchte tragend
Polymorph: (auch pleomorph) in vielen Gestalten vorkommend, vielgestaltig
Population: (Biol.) Gesamtheit der Angehörigen einer Art in einem bestimmten Gebiet
Protandrie: Reifung der männlichen Geschlechtsprodukte vor den weiblichen (bei zwittrigen Pflanzen und Tieren)
Protektion: Schutz, Förderung, Gönnerschaft
Protogynie: Reifung der weiblichen Geschlechtsprodukte vor den männlichen (bei zwittrigen Pflanzen und Tieren)
Protuberanz: natürlicher Vorsprung an Organen
Psammophyt: Pflanze, die auf sandigem Boden gedeiht [grch. *psammos* "Sand" + *-phyt*]

Rachenblütler: *Scrophulariaceae* (Syn. Braunwurzgewächse), zweikeimblättrige Pflanzenfamilie mit rund 4500 weltweit verbreiteten Arten, meist Kräuter oder Stauden mit wechsel- oder gegenständigen Blüten
Ranunculaceae: Hahnenfußgewächse
razemos: traubenförmig
Rhizom – (n; -s, -e; Rhizoma, -mata) –Wurzelstock; unterird. Sproß, mit dessen Hilfe die damit versehen Pflanzen überwintern können [grch. *rhiza,* Wurzel]
rigid, rigide: starr, steif
Rosazeen: Rosengewächse; Pflanzenfamilie mit vielen Arten; meist Stauden, Sträuche, Bäume mit strahligen, meist fünfblättrigen Blüten und vielen Staubfäden. Zugehörig: Rosen, Apfel, Birne, Brombeere, Weißdorn u.a.
Ruderalpflanze: Pflanze, die auf stickstoffreichen Schuttplätzen wächst [lat. *rudus,* Pl. *rudera* "Schutt"]

Rumex - Ampfergewächs

Schaft: Stengel, Halm, Achse
Schoß: Ausläufer, junger Trieb einer Pflanze
Schote: Fruchtform der Kreuzblütler; (volkstümlich) Hülse (der Hülsenfrüchte)
Schötchen: kleine Schote
Scrophulariacee: Rachenblütler
Semiparassiten: Halbschmarotzerpflanzen
Spaltfrucht: Frucht, die bei der Reife in einsamige Teilfrüchtchen zerfällt, die einzelnen Fruchtblättern entsprechen
Spatha: großes Hochblatt an der Basis von Blütenständen (bes. bei Aronstabgewächsen u. Palmen). [grch. *spathe* "Stiel der Palmblätter u. der männlichen Blüte des Palmbaums"]
Spezies: lat. *Species*. (Pflanzen-) Art; Gruppe gleicher oder ähnlicher Lebewesen, Teil einer Gattung. Bot.: Gruppe von Populationen ähnlicher Einzelwesen, die sich frei kreuzen. Genbedingte physiologische und morphologische Ursachen verhindern eine Vermischung mit anderen Gruppen
spezifisch: wesentlich, kennzeichnend; (Bot.) was zum Wesen einer Art gehört und dieser allein eigen ist
Sporangium: Sporenkapsel (der Farne)
Stamen: Staubblätter (im Blütenkelch)
Spekulum: eine glatte, polymorphe und farblich vom Rest der Blütenlippe abweichende Zone, typisch für die Orchideen [lat. *speculum* "Spiegel"]
Stigma: Narbe der Blütenpflanzen [grch. *stigma* "Stich, Punkt, Brandmal"]
Stylus: Griffel (am Fruchtknoten)
Stolo(n) (m. –s, -lonen): ober- o. unterirdischer Ausläufer bei Pflanzen (lat. *stolo*, Gen. *stolonis*, Wurzelsproß]
Stomachikum: den Appetit und die Verdauung anregendes Mittel
Styrax – Storaxbaum
Subspezies: Abkürzung: ssp; (Biol.) Unterart
Substitution: Verdrängung
Substrat: (Biol.) 1 Grund-, Unterlage; Nährboden; Substanz, die bei enzymatischen Vorgängen abgebaut wird
Sucus: Pflanzensaft
Sukkulent: saftig, fleischig, kräftig
Sukkulente: Pflanze in Trockengebieten, deren Blätter, Achsen oder Wurzeln mit einem Wasser speichernden Gewebe ausgestattet ist
Synandrisch: mit verwachsenen Staubblättern versehen (Blüten)
Synkarpie: Verwachsung der Fruchtblätter einer Blüte zu einem einzigen Fruchtknoten
Synözie: das Zusammenleben zweier verschiedener Organismen, wobei nur einer von ihnen Nutzen davon hat

Tegment: Knospenschuppe der Gehölze
thermophil: wärmeliebend
Tepalen: gleichgestaltete Blütenblätter, die nicht in Kelch- und Kronblätter differenziert sind
terrestrisch: zum Festland gehörend, auf dem Festland entstanden
terrigen: vom Festland stammend
thermophil: Wärme bevorzugend
Therophyt: einjährige Pflanze, die den Winter un Form von Samen überdauert
Tropophyt: an einen periodischen Wechsel zwischen Trockenheit und Feuhtigkeit angepaßte Pflanze [grch. *tropos* "Drehung, Windung" + *phyt*]
Tubulär, tubulös: röhren-, schlauchförmig

Umbellifere: Doldengewächse – [lat. *umbella* "Sonnenschirm; Verkleinerungsform zu *umbra*, Schatten, und *ferre* =tragen]
unipetal – einblättrig

viskos, viskös: leimartig, zähflüssig, klebrig (lat. *viscum*, Mistel, Vogelleim)
vigorös: kräftig, stark

Wedel: großes gefiedertes (oft fächerartiges) Blatt, bes. der Farne

Xerophyten: Trockenpflanzen
xerophytisch: die Trockenheit liebende Pflanzen (Ggs: Hygrophyt)

Zönose: Pflanzengemeinschaft
zymös: Verzweigung, bei der der verkümmernde Hauptsproß durch Nebensprossen übergipfelt wird, die das Wachstum fortsetzen.

VERZEICHNIS DER ANGEFÜHRTEN VULGÄRNAMEN

Ahorn: *Acer sempervirens*
Alant: *Inula candida*
Ampfer: *Rumex bucephalophorus*
Aronstab: *Arum idaeum*
Affodill, Asphodele, Asphodill: *Asphodelus*

Berberitze: *Berberis cretica*
Birnbaum, wilder: *Pyrus spinosa*
Bocksbart: *Trapogon sinuatus*
Bohnenkraut: *Satureja thymbra*
Borretschgewächse: *Boraginaceae*
Braut in Haaren: *Nigella damascena*

Dost: *Origanum onites*
Dünenmohn: *Glaucium flavum*

Farn, gezahnter: *Selaginella denticulata*
Flockenblume: *Centaurea raphanina*
Frauenspiegel, gemeiner: *Legousia speculum-veneris*

Gamander: *Teucrium brevifolium*
Ginster: *Genista acathoclada*
Glockenblume: Campanula spp., *Petromarulaceae*
Gretchen im Busch: *Nigella damascena*

Helmgras: *Ammophila arenaria*

Immortelle: *Helicrysum barellieri*

Johannisbrotbaum: *Ceratonia siliqua*
Johanniskraut: *Hypericum* spp.
Jungfer im Grünen: *Nigella damascena*

Kamille: *Anthemis* ssp.
Kermeseiche: *Quercus coccifera*
Kreuzblume: *Polygala* spp.
Kreuzblütler: *Cruciferae*
Kugeldistel: *Echinops spinosissimus*

Lein: *Linum arboreum*
Liliengewächse: *Liliaceae spp.*
Lorbeerbaum: *Laurus nobilis*
Lupine, weiße: *Lupinus albus*
Luzerne: *Medicago arborea*

Mariendistel: *Silybum marianum*
Maxisstrauch: *Pistacia lentiscus*
Meerfenchel: *Crithmum maritimum*
Mohnblume, gelbe: *Glaucium flavum*
Myrte: *Myrtus communis*

Natternkopf: *Echium* spp.
Nessel: *Urtica pilulifera*

Ochsenbrech: *Ononis natrix*
Ochsenzunge: *Anchusa hybrida*
Oleander: *Nerium oleander*
Olivenbaum: *Olea europea*
Orchidee: *Anacamptis,Aceras, Ophrys, Orchis, Serapias*
Osterluzei: *Aristolochia cretica*

Pfefferkraut: *Satureja thymbra*
Pinie: *Pinus brutia*
Platane: *Platanus orientalis*

Ranunkel: *Ranunculus* spp.
Raute: *Ruta chalepensis* spp.

Salbei: *Salvia fruticosa*
Sandhafer: *Ammophila arenaria*
Schildkraut: *Scutellaria* spp.
Schopflavendel: *Lavandula stoechas*
Schwarzkümmel: *Nigella damascena*
Schwarzwurzel: *Scorzonera cretica*
Schwertlilie: *Iris unguicularis*
Seidelbast: *Daphne sericea*
Sommerwurz: *Orobanche* spp.
Spritzgurke: *Ecballium elaterium*
Steckenkraut: *Ferula communis* subsp. *communis*
Storaxbaum: *Styrax officinalis*
Stranddistel: *Eryngium maritimum*
Strand-Euphorbie: *Euphorbia paralias*
Strandhafer: *Ammophila arenaria*
Strandlilie: *Pancratium maritimum*
Strandnarzisse: *Pancratium maritimum*
Strandnelke: *Limonium sinuatum*
Strohblume: *Helicrysum barrelieri*

Theophrastus-Palme: *Phoenix theophrastii*
Thymian, wilder: *Coridothymus capitatus*

Wacholder: *Juniperus oxycedrus* subsp. *macrocarpa*
Wacholder, phönikischer: *Juniperus phoenicea*
Wegerich: *Plantago* spp.
Wegwarte: *Cichorium spinosum*
Winde: *Convolvulus* spp.
Windröschen, gemeines: *Anemone coronaria*
Wohlgemut: *Origanum onites*
Wolfsmilch: *Euphorbia* spp.
Wundklee: *Anthyllis vulneraria*
Würger: *Orobanche spp.*

Zahnlose: *Ballota acetabulosa*
Zistrose: *Cistus* spp.
Zyklame: *Cyclamen creticum*
Zypergras: *Cyperus capitatus*
Zypresse: *Cupressus sempervirens f. horizontalis*

ABKÜRZUNGEN

spp.: verschiedene Arten (*Limonium* spp. = differente *Limonium*-Spezies)
subsp.: Unterart
var.: Varietät

SACHREGISTER

BIBLIOGRAPHIE

Baumann H., *Greek Wild Flowers and Plant Lore in Ancient Greece*, The Herbert Press, London 1993.

Bayer E., Buttler K.P., Finkenzeller X., Grau J., *Guide de la flore méditerranéenne*, Delachaux et Niestlé, Lousanne1990.

Di Castri F., Goodall D. W. & Specht R. L., *Mediterranean-type shrublands*, Elsevier Scientific Company, Amsterdam 1981.

Greuter W., Burdet H. M. Long G., *Med-cheklist*, vol. 1, 3, 4, Genève 1984-89.

Iatridis Y., *Flowers of Crete*, Iatridis Y, Athens 1985.

Lippert W., Podlech D., *Piante mediterranee*, Ed. Giorgio Mondadori, Milano 1991.

Polunin O., *Flowers of Greece and the Balkans. A field guide*, Oxford University Press, Oxford 1980.

Schonfelder I., Schonfelder P., *La flora mediterranea*, Istituto Geografico De Agostini, Novara 1996.

Sfikas G., *Wild Flowers of Crete*, Efstathiadis Group, Athens 1987.

Turland N.J., Chilton L., Press J.R., *Flora of Cretan Area*, annoted Checklist and Atlas, HMSO, London 1993.

Tutin T.G. et alii, *Flora europaea*, voll.1-5, Cambridge University Press, Cambridge 1964-1980.

Zohary M., *Geobotanical foundations of the Middle East*, Springer Verlag, Stuttgart 1973.